U0517235

穿越内心的
恐惧

李英杰→著

华夏出版社
HUAXIA PUBLISHING HOUSE

目　录

第六篇 清除情绪是"王道" 059

第七篇 别和自己过不去 067

序：人人都有恐惧，承认它才是勇气

恐惧是每个人几乎每天都会遇到的情绪，也是每个人一生中积压最多的一种情绪。毫不夸张地说，恐惧多了，人活着都会很"困难"！处处是禁忌、处处是戒律，处处提心吊胆、处处谨小慎微。Oh, God！人活着可真难啊！

恐惧让人的生命力处于整体受压的状态，在这种情况下，身体不可能好起来；

恐惧让人无法伸开拳脚、施展抱负，在各种"前怕狼后怕虎"中度完一生，无法过上由自己内心指引的生活；

恐惧让人眼睁睁地看着别人的精彩，在唉声叹气中走向"羡慕嫉妒恨"；

恐惧让人不停地纠结过去、担忧未来，遗失掉当下正在经历的所有美好；

恐惧让活着的人害怕死亡、不能好好活，让将死之人又遗憾枉来一生，留下不同版本的"临终几大遗言"；

恐惧让人无法活出生命的尊贵，把本是一场尊贵的旅行搞成痛苦挣扎！

　　人人都有恐惧，承认它才是有勇气！恐惧就像是一只纸老虎，你若被它吓住，就永远别想有出头之日。如果你去直面和穿越它，会发现恐惧就像是一层窗户纸，一捅就破！

　　向你内心的恐惧"开炮"，不再受制于你心中的恐惧，把恐惧连根拔起！让我们没有恐惧地活着。

阅读建议

一、你既可以从头到尾读这本书，也可以随意翻开一页读，或是直接选自己最感兴趣的先读。

二、本书旨在提供一种"右脑"式的学习，有别于"左脑"逻辑线性的学习，"右脑"的学习是通过对同一主题或类似主题的不断重复和熟悉，让人在潜移默化中发生"润物无声"的改变。

三、用你的"直觉"和"灵感"读这本书，尽量少"过脑"。

四、你从外面得到的，永远不会多于自己内在已有的。本书不是再给你增加新的知识，而只是激活你内在更高的同频振动频率。

第一篇　恐惧不在"外面"

真正的安全感源于内心没有恐惧

人很容易进入一个无意识的"圈套"，即在内心恐惧的驱使下去"外面"寻求安全感，比如"抓住"一个人，或是不停地积累物质财富。但事后还是发现没有安全感，于是再在恐惧的驱使下继续去"改造"外在，获得短暂的"安全感"后，又感到不安全，如此循环往复，就像掉入一个跳不出的怪圈。

从"外面"得到什么，源于自己"带进去"的是什么。恐惧只能产生更多的恐惧。带着恐惧去建立情感关系，原本就缺乏安全感的心理基础，迟早会影响情感关系的品质和走向；带着恐惧去积累财富，得到了也害怕失去。

建立情感关系或是创造物质条件本身没有问题，但不必是基于恐惧。有一个误会需要澄清：恐惧不是生活的必需品！没有恐惧，生活照样可以进行；没有恐惧，可以建立更高品质的情感关系，没有恐惧，可以更轻松、更没有"负担"地赚钱。

建立持久安全感的前提是直面内心的恐惧，恐惧并不在外面。真正的安全感源于内心没有恐惧！

安全感与外在无关

从本质上说，内心的安全感与外在无关。稳定的工作、稳定的收入、有房有车等有利于人活得舒适，但并不必然就使人有安全感。二者之间没有必然联系。因为真正的安全感源于内心没有恐惧！若心中充满恐惧，那在哪里都会看到恐惧。

试图通过控制外在而消除内心缺乏安全感的做法，会让人进入一个无意识的误区，即用外在的方法来解决内在的问题。如果这样做，方向走反了！会让人踏上一条没有终点的路。解决内心没有安全感最直接的方法，是回到内心去清除恐惧，而不是一味地采取各种外在的应对措施来回避恐惧。

当然，不是说人不可以有好的外在物质条件，而是要从根源上搞清楚，安全感终归是内心的事儿，而内心的事儿要通过内心的方法解决。这样人才不会活得累，也才能更好地享受物质条件，"驾物以游心"，而不是被外在所绑架！

恐惧越多，你看到的真相越少

恐惧越多，你看到的真相越少。如果内心的恐惧很多、很大，那真相和事实全被恐惧遮蔽住了，人看到的事实是经过情绪扭曲过的，这种事实充其量只能称为是一种"情绪事实"。人在"情绪事实"之下做出的判断势必是误判，至少是偏离的。

人如果有很多、很大的恐惧，就容易在没有和他人正式交往之前已经树起敌意，把自己归为"受害者"，而把别人列为专门针对自己的"加害者"，人为地把自己置于不利的境地。

在生活中，这是非常值得注意的一点，因为这会人为地破坏掉自己的"好事"，至少是制造了阻碍。让本来会对自己好的一些机会擦肩而过，如果是因为内心的恐惧，而让好的机会与自己失之交臂，那实在是太过可惜了！

逃避恐惧会让人错过真正的成长契机

需要搞清楚的一个事实是："外面"没有恐惧，恐惧自始至终都在人自己的心里。心里有鬼，才会觉得世界上有鬼，所以恐惧是逃不掉的，因为恐惧不在"外面"。有恐惧恰恰说明有一大堆的潜意识障碍需要解除，有一大堆被压抑了太久的情绪需要处理。

逃避恐惧，会让人错过真正的成长契机，只能继续掩盖问题，不能及时处理延误的问题。恐惧会吞噬掉人的生命力。

恐惧就像一只纸老虎，若被它吓住，生活处处充满禁区。一个人可以选择做或不做一件事，但绝不是出于恐惧。面对恐惧，最好的处理方式就是直面，将恐惧一网打尽，让自己不再受制于它，不在恶性循环中往复。

没有"地狱"，只有"心狱"

没有"地狱"，只有"心狱"，"地狱"只是"心狱"的投射。"天堂"、"地狱"是一种拟称，指的是人的一种心境，并不是说

"外在"真有天堂、地狱，心若祥和，就在"天堂"；心若痛苦，就在"地狱"。

"地狱"的背后是人深深的、极大的恐惧。从古到今，人类把集体潜意识中的恐惧投射成一系列的概念和意象，并不断延续和强化这份恐惧。

恐惧具有极强的传染性和弥散性，也是最具杀伤性的"武器"。当人被恐惧或负罪感所控制时，就会陷入罪与罚的泥沼中而无法自拔。负罪感和犯错感几乎是所有自杀现象背后的心理基础。

从来就没有"地狱"，只有痛苦的"心狱"，以及人的无知／无明所引发的无意识层面的自我惩罚和自虐（自我折磨）。

压力的根源不在"外在"

提到压力，人们很容易认为是外在的人和事导致了自己的压力，把压力的根源归因于"外在"。

其实恰恰相反，是不是压力，以及压力的大小，主要取决于人如何解读，而如何解读又取决于人如何感受。所以，面对同样的情况，不同的人可能会有很不同的反应。

比如，对于一个内心恐惧本来就很多的人，"外在"会有更多的人和事让他／她害怕，感到"压力山大"；对于一个内心本来"火"就很大的人，"外在"会有更多的人和事，让他／她受刺激和被激怒；而对于一个悲伤情绪本来很多的人，会有更多的悲伤性事件，来确认已有的悲伤。

归根结底，每个人看到的世界只是自己内心的投射！

压力的反应机制是："外在"的人和事，只是点燃了人"内在"早已积压着的、等待爆炸的情绪。减压的根本措施，也是最彻底的方法，就是卸掉人在内在早已压抑的情绪，让压力由内而外地减退！

没有恐惧地活着

恐惧可能是所有情绪中最具杀伤力的一个。恐惧具有弥散性和传染性，几乎无时不有、无处不在。恐惧会大大影响人行动的自由度，让人在某个地方"卡壳"，停滞不前，甚至让人在某些方面的能力彻底"瘫痪"。恐惧会让人形成无意识的防御措施和补偿机制，如过度的酗酒、嗜睡、强迫行为、洁癖等，大大损耗人的生命力和能量。

　　有一个已被人当成是常识的误解亟须人们反思，那就是：恐惧是对人有益的！是恐惧确保了人的生存和安全。事实恰好相反，恐惧是极其耗能的。做出同样的行为完全可以出于不同的动机，比如可以是出于对生命的热爱而避开危险，而非出于恐惧。

　　恐惧和爱带给人的感觉是截然不同的：爱是给力的，而恐惧则是卸力的！

　　再比如，如果带着恐惧去赚钱，那会相当辛苦，而且多少钱都买不来真正的安全感。因为恐惧只能制造出更多的恐惧！不是赚钱本身有问题，而是没有恐惧同样可以赚钱，更轻松地赚钱！

　　归根结底，人是自己所有经验的源头！恐惧并不在外面，恐惧自始至终都在人的心里。没有恐惧，人会拥有更大的自由选择权；没有恐惧，人会活得更爽！

清除你的"受害者意识"

　　"受害者意识"是一种思维惯性，即总是在第一时间把自己解读成"受害者"，而把别人解读为是专门对自己使坏的"加害者"。

"受害者意识"主要源于弱的自我价值感和恐惧情绪。弱的自我价值感会天然地让人把自己置于不利的位置,把自己列为弱者,而把别人列为强者。"受害者意识"是一种隐秘的"自我保护程序"和心理防御机制。因为做一名"受害者",意味着占据了道义上的优势和有正义感,是一种变相的"我比你强",但代价是让自己越来越无力!

而内心的恐惧又会让人"先在"地制造出敌对情绪和敌意,在没有正式交往之前,就已经制造出敌我双方,这容易曲解别人的意图,用自己的情绪解读别人的意思,使误会更加加深。恐惧过大,人甚至会出现"被害妄想",把周边的人都解读成是对自己加以迫害的敌人,严重影响自己的工作和生活。

弱的自我价值感和恐惧情绪叠加在一起,就生出"受害者意识"。对于"受害者意识"人可以有正当防范,但要尽力避免因为情绪的曲解,而给自己的生活带来影响和不便!

不是出于恐惧，而是出于爱不去伤害自己或他人

　　有一个误解亟须厘清：即认为恐惧是生活的必需品，恐惧可以让人避免受伤害或去伤害人。然而，恐惧带来的安全感是不牢靠的，也是高度耗能的，只要心里有恐惧，即使身处最安全的环境，恐惧也会以不同的面目和形式出现，很难躲得掉。

　　做同样的行为可以是出于不同的动机，但带给人的感觉是大不相同的。我们完全可以是出于爱自己而保护好自己，完全可以是出于爱和尊重、出于别人拥有和我们同样的人性而选择不去伤害别人，而不是出于恐惧。恐惧和爱是意识能量差别很大的两种心境，爱是给力的，而恐惧则是卸力的！恐惧让人的生命力越来越萎靡不振。

第二篇　是恐惧让人活得这么累

是恐惧影响了人行云流水般的做事状态

是恐惧影响了人行云流水般的做事状态。人在没有恐惧之前，做事很顺，突然心中一闪念，恐惧浮现，流畅的能量开始打结、开始阻滞。人开始怀疑和纠结这样到底"行不行"，开始担忧结果、效果等。一担忧，人之前很顺的状态一下子被打断，灵感也一下子中断了。

人在这种状态，是很受打击和郁闷的，就好像从天上突然被摔到了地下的感觉。想要挣脱这种困境的唯一方法，就是坚持清理恐惧，有什么恐惧就去面对什么恐惧，处理完恐惧，人就会知道该怎么办，又能接上之前好的状态了。

是恐惧让人总走弯道

不是别的，

是恐惧让人总走弯道！

是恐惧让人觉得"必须"那样，

看不到其他的选择、望不到别处的光亮。

是恐惧让人总是做出对自己不利的决策，

委身于他人，把希望寄托在他人身上。

是恐惧让人总是贬低自己、高估他人，

忘了自己曾经成功地解决过问题，

忘了自己就有解决问题的能力。

是恐惧让人总是背叛自己的内心，

失去行动的勇气，

无法绽放鲜活的生命！

是恐惧让人如针芒刺背，

觉得没有什么就活不下去。

是恐惧让人总走弯道……

人为什么很难从容地活着？

人为什么很难从容地活着？最主要的原因是因为恐惧。每个人都被一股强迫性的对生存的恐惧强逼着，停不下来。如果我们突然停下手头的事，跳出来看一下的话，会发现生存的恐惧是那么的大！它让人只盯着眼前那屁大点儿的地方，对窗外的美景和蓝天熟视无睹，即使正是一年中最美的季节。

对生存的恐惧、对死亡的恐惧，甚至还有比对死亡更恐惧的恐惧——对个体湮灭感的恐惧，对个体失去经验、体验能力的恐惧。对死亡的恐惧只是一个幌子，只是一个表象的恐惧，更深层的恐惧是害怕失去"个体（感）"。

恐惧让人无法步履从容，就像在赶任务一样过每一天。白天折腾一天，晚上睡一觉，第二天继续折腾。人如果没有意识去清除恐惧的话，就像一个失去情感和生气／生机的机器人一样，只是在机械地、不走心地重复千篇一律的动作，好像被套进一个固定的模子里面出不来。

人们都知道，也曾体会过只有在那种从容的状态下，才能把事情做好。在没有时间的威逼感和任务的紧迫感的情况下，人可以在不慌不忙、不急不躁之中把事情做到最好。

要像艺术家或工匠一样，用心地雕琢一件非常精美的艺术品，而不是在情绪搅杂、在"强迫性冲动"的驱使下，匆匆忙忙地完成任务，这是两种完全不同的心态，带给人的感觉也迥然相异。

前者带给人的是内心深层的愉悦感和成就感，让人有更强劲的动力去做事；而后者带给人的是好不容易完成任务的感觉，而且很快又开始担心事情没做好。

最大限度地减少对"形式"的关注

人要想活得洒脱、"节能"，就要最大限度地减少对"形式"的关注，把精力主要用在事情的本质／实质上。当人的注意力开始过多关注"形式"时，就会觉得自己不在状态了，意识开始游移，远离做事本身带给人的那种感觉（成就感），而开始把注意力转向无关但又相当耗人能量的东西上。

之所以耗能，是因为人把时间和精力耗费在了各种"甄选"和对比上，而"犹疑不决"的背后往往是恐惧，如对生存的恐惧，对结果的恐惧，对别人满不满意的恐惧等。

这种无意识的恐惧会驱使着人越来越向"外围"打转转，而这样做，其实就已经远离了事情的本质／实质，开始关注细枝末节的东西，从而远离做事的"纯度"这一核心。

强迫症的背后是恐惧

强迫倾向，再严重点儿的话叫强迫症，是一种相当困扰人生活的问题，如洗手停不下来，擦东西停不下来，没完没了地担心门没锁好，控制不住地反复检查，等等。

有些人被强迫症困扰长达十几年、二十几年，甚至是更长的时间，生命就在"强迫"和"反强迫"之中消耗殆尽。有很多人用尽各种办法去对付强迫症，但总是无法除根儿。

其实，强迫症的背后是恐惧。驱使人停不下来做某一件事的原动力是无意识的恐惧，比如，之所以洗手或是洗东西停不下来，是因为背后有一堆的恐惧：害怕不干净、害怕生病、害怕对自己身体不好等。

从表层上去处理问题永远没个完，用讲大道理或是在思想上去做工作，如告诉有强迫倾向的人，"你这样做是完全没必要的"，"这样做有多荒谬"等，更是软弱无力！因为人在有情绪或情绪上来的时候，是失控的！

解决问题的根本方法是从根源上做工作——斩草除根，

而不是停留在外围和细枝末节上！解决强迫症的根本办法是要找到其背后的恐惧并清除。只有把强迫症背后的原动力——恐惧——卸掉，人才能不再被无意识的恐惧驱使着停不下来。

人屈尊做事，多是因为恐惧

人屈尊做事，多是因为恐惧，尤其是对生存的恐惧，让人背叛自己的内心，去违心说话做事。而违心或是背叛自己的内心做事，会让人心里很痛。

带着恐惧或是在生存恐惧的驱使下做事，事后容易后悔，因为那并不是一个人真实意志的表现。

恐惧让人进入一种无意识的被驱赶着走的状态，人感觉是被押着走。恐惧极大地限制了人的选择自由，"锁住"人的眼光，只为眼前的一丁点儿利益，而牺牲掉更大的或是长远的利益。

你那么忙，到底忙出了什么？

人要特别小心自己的忙是非常低品质的，看起来挺忙，但其实连自己都不知道在忙些什么。人很容易进入一种无意识的穷忙和瞎忙的状态。看起来忙忙碌碌，其实这是在情绪的驱使下，尤其是在恐惧之下的一种反应，是在第一时间做出的防御性行为，实质是一种慌乱，而不是真正的忙。

当人进入这种恐惧驱使下的"忙"时，其实效率是很低的，既费时费力，又没有什么效果，所以叫穷忙或瞎忙。这种"忙"夹杂了很多水分，有太多的情绪成分。

避免这种低效又耗能的方法，就是时刻省察自己做事背后的真实动机，看看自己的忙是不是因为负罪感和犯错感，是不是因为恐惧和焦虑、担忧等造成的。人只有在头脑清晰、目标明确的情况下，才会忙得有方向，才能忙得有价值。

是什么东西耗去了你的能量

是什么东西耗去了你的能量，让你活得这么累？！

是大脑的各种盘算和算计，是人的内耗让人活得累。这种内耗和算计主要源于对生存的恐惧，对"得不到"的恐惧，让人把能量大量耗费在"形式"的对比和甄选上，而远离了做事的核心——"纯度(purity)"。

一旦离开做事的核心，人就开始了耗能，开始了各种无关的考虑，开始担忧恐惧，开始放不下，是这些东西耗去了人的能量，让人活得累。

第三篇　向你内心的恐惧宣战

人为何如此恐惧面对自己的内心

人害怕面对自己的内心，主要有以下一些原因。

第一，就是"对恐惧的恐惧"！因为平时积压了很多情绪，也不知该如何处理，如果去面对又不知会发生什么，这本身就是一个极大的恐惧。恐惧是对害怕进入"未知"的一种防御，害怕掉入"未知"的"坠落感"。

第二，因为"犯错感"而引发的排斥和防御。如果去面对自己的内心，就好像说明自己有问题，且问题很大，犯了严重的错误。

第三，自觉有种"低劣感"。如果去面对内心，就好像比别人低劣，会被别人看不起，被别人笑话。

还有一个很重要的原因，人其实在潜意识里是不愿意为自己负责任的。而面对自己的内心，意味着要为自己所有的感觉、情绪、感受负起责任来，人在无意识中对此是有所抵触的。

以上种种原因阻碍了人内心的真正成长，让人把注意力全用在了改变和控制外在上。而任何真正持久有效的改变都是内在的改变！你需要改变的是自己的感觉，而不是外在。不敢去面对自己内心的代价就是走错了方向。本来是想走捷径，结果绕了弯路，反而耽误了时间！

人为何会故意避开精神和心理方面的信息

人故意避开精神和心理方面的信息，主要有以下几个原因。

第一，认为去看自己的内心，就说明自己的问题很大。

第二，深深的负罪感。在每个人的潜意识里都潜藏着一些无意识的负罪感和犯错感，这些心理垃圾被深深地"埋"（压抑）在意识层面之下，很少有人愿意承认和面对，而精神和心理方面的信息则容易激活这部分区域。

第三，随之而来的是恐惧，甚至是极大的恐慌。恐惧会让人采用"否认"这一心理防御机制来保护自己。

第四，人喜欢暗中做一名无辜的"受害者"，不愿为由情绪所引发的事情负责。

需要说明的是以下几点。

第一，去看自己的内心，并不说明问题很大。人要做的只是抛弃那些无效的、耗能的模式，而采用更有效、更能带来真正幸福的方式。对于心理垃圾，要早面对、早清理，就会早受益！视而不见或是回避，并不能让这些垃圾自动消失，反而会从潜意识层面深刻而持久地影响人的方方面面。

第二，负罪感和恐惧最损耗人的生命能量。真正的精神或心理方面的信息，恰恰是要帮助人快速地卸载掉这些极度损害人身心健康的垃圾。很多时候，情绪是一种自我沉溺！

第三，人要想成长快，必须下一个决心：自己为自己的情绪承担百分之百的责任，自己为自己的人生承担百分之百的责任，敢于无畏地面对自己内心的真相，不再玩"受害者的游戏"。

告别过去需要壮士断腕的勇气！

内心力量源于敢于面对自己的真相

人怎样才能使自己的内心、内在变得有力量？这是很多人都感兴趣的问题，包括很多修行多年的朋友，也会对自己为什么一直没有发生质的改变产生疑问。

其中的核心原因是：一直还在躲避面对自己最惨不忍睹的一面，不敢面对自己最真实的人生，还在搞空中楼阁式的外在包装，甚至把修行当成一种逃避，当成一种新的更加"高大上"、更具迷惑性的可以向世人炫耀的包装。

人在接纳自己最真实和最脆弱的一面时，内心会极度的沉静，原来的闹心和心累、耗能是因为自己一直在抗争，是在不接纳自己最真实的心理状态的情况下，逼自己坚强，逼自己奋斗。

而接纳本身就是最好的改变！只有先承认和接纳自己的恐惧、无助、无力、脆弱、无能、窝囊、悲惨的一面，自己最不愿面对和一直想要捂着、盖着的一面，人才会真正变得勇敢、真正有力量。力量源于敢于面对自己的真相。

既然逃不掉，就迎面而上

人在生活中被一个问题卡住，其实是因为有恐惧情绪。人如果选择了逃避，其实是在骗自己，因为恐惧是逃不掉的，之所以逃不掉，是因为恐惧并不在"外面"。恐惧自始至终都在人的心里，只要心里有恐惧，"事儿"就不会消停。

与其越逃越耗能，不如直面；既然逃不掉，就迎面而上！去解决问题，去彻底解决问题，去逐个地破解掉与"问题"相伴随的恐惧情绪。只有经历这样的过程，人才能积累起信心，内心变得越来越有力量，走一步上一个台阶，而不是走一步下一个台阶。

你不清理恐惧，恐惧就会清理你

恐惧是所有情绪中最具杀伤力的一个，毫不夸张地说，有太多恐惧，人活着都很困难！

有太多恐惧的话，人的自由空间极小，生命力呈现出越来越萎缩的态势。

人会因为心中假想出来的而事实上并不存在的恐惧错失掉许多极其宝贵的机会，睁着眼让机会擦肩而过，只能看到别人的精彩。恐惧让人的生活停留在一个"低水平重复"的状态。

你已经为恐惧错失了多少良机，还准备再为恐惧付出多少代价？难道就任凭心中的恐惧每天不停地销蚀着自己的生命力而无动于衷吗？！

别再骗自己了，骗自己不好玩儿，这样只会让自己付出更为惨重的代价。终有一天，你会花费更多的时间、精力，去弥补当初因为逃避恐惧而犯下的过错。恐惧是逃不掉的，因为恐惧并不在"外面"。你不清理恐惧，恐惧就会"清理"你！

直面恐惧

人一生中有过的最多的情绪恐怕就是恐惧。恐惧对人生活影响的广度和深度是其他情绪所难以比拟的。正是恐惧，让人无法过上自己想要的生活；正是恐惧，让人活得越来越凄惨。

人在恐惧、害怕的时候，几乎会无意识地、条件反射般地立即避开自己的真实感觉，而是用找快感的方式去掩盖和逃避恐惧，比如狂吃一通或是借酒浇愁等。这是通过外在的方式找快感。

还有更为隐秘的内在的方式，比如大脑会自动制造出一些和恐惧的感觉相反的具有快感和刺激、让人兴奋的想法、场景等来麻醉和欺骗人，转移注意力。

人在大脑不停地给自己制造快感的时候，可以觉察一下：其实这背后往往是有很深层的恐惧，尤其是关于生存的恐惧。快感的程度和恐惧的程度成正比！就像一个钟摆，恐惧的幅度有多大，用来平衡的快感的幅度就有多大。

用外在找快感的方式来应付恐惧，时间长了容易伤身，比如带着情绪吃东西容易把身体吃坏，也容易形成一些不良的嗜好，如酒瘾等。

对付恐惧最好的方式就是直面、穿越。因为恐惧在人的心里，逃避恐惧只能延误对问题的解决，从而付出高额的人生代价。要有意识地一个个卸载掉影响自己的恐惧，一步上一个台阶，而不是被恐惧驱使着一步下一个台阶，走下坡路。

有意识地处理你的恐惧

恐惧是一种很有意思的情绪，很容易让人进入无意识的状态。所谓无意识，是说人就像梦游一样，丧失了主动权，陷入被动的"受害者"地位。

恐惧是一种很容易把人"困"起来的情绪，当人被恐惧控制时，就会沿着下坡走，做出有损自己生命力的决定，让自己的生命力越来越萎缩，越来越没有力量。在恐惧之下做出的决定，会让人失去活力，甚至产生抑郁。

人有了恐惧，就会打压自己，不去相信自己的"好"，而很容易人为地令自己陷入贫瘠、困苦和艰难，让自己经历没有必要的痛苦。

把生活中的危机转化成快速成长的契机

生活中有很多如情感危机、经济危机，甚至是灾难性的事件发生，如果把握得当，可以将其转化成快速成长的契机，甚至成为人生道路上的重大转折点。

人有一个心理怪癖：不愿去面对自己内心的真实状态，喜欢掩耳盗铃、自欺欺人。但当危机发生时，人得被迫放下平时各种习惯性的防御和逃避措施，迎面直上。

在"绝境"之下，人平时无法鼓足的勇气就有可能被逼出来迸发，超越和打破平时不敢直面的恐惧和限制。经过这样一个过程，人的自信心和力量会飞跃一个大台阶。

不背叛自己的内心

　　人在生活中做事，有一个标准可供参考，那就是不背叛自己的内心，不违心做事，如果违心做事，往往得不偿失。在违心做事的背后往往是有一大堆情绪的，比如怕别人不认可、对生存的恐惧等。

　　这些情绪恰恰是需要去面对的，如果背叛自己的内心做事，会错过最为宝贵的自我探索和成长的契机，而让这些情绪障碍（恐惧）继续以无意识的方式在暗中影响自己，就像温水煮青蛙一样，令自己慢慢地死在煎熬中。

第四篇　穿越你心中的恐惧

主动去穿越恐惧

恐惧是人最常有的情绪，在恐惧的驱使下，人容易慌乱行事，去控制"外在"来改善自己内在的感觉。

但这样做的同时，会让自己形成并沿用一个应对情绪的既定模式：即每次都是在情绪（恐惧）的驱使下做事或是不做事，而一直没有机会直面并处理内心的恐惧。在没有除掉内心恐惧的根的情况下，外在的恐惧永远没个完。

把恐惧连根拔起的根本措施是，欢迎恐惧，主动在内心去穿越恐惧，让其有机会暴露于日光之下。把恐惧处理完，人自然会知道该怎么办，自然可以把握好做事的分寸！

深入恐惧的核心里去

人有意无意地通过设立各种心理防御机制来逃避恐惧，实质上是在骗自己，如酗酒、疯狂购物或是吃东西，没完没了地看肥皂剧，抓住外面的人（这是导致很多爱情悲剧的罪魁祸首）或东西不放（囤积）等。

人在无意识中被恐惧所控制和驱使的情况下，最容易做的就是在外面用力，在外面抓狂，试图通过改变外在来消除掉自己内心的恐惧。其实这样恰恰漏掉了最为关键的事实：恐惧不在外面！改变外在可以暂时缓解内心的恐惧，但如果情况稍有变化，恐惧又会出来，于是再去改变外在，从而形成一个恶性的情绪应对模式。而且，恐惧会让人活得特耗能，让人无意识地把有限的精力全用在各种各样的防御上。

越是怕什么，意识越容易固着在什么之上，反而越容易促成所怕的事情的发生。本来是想逃避恐惧，结果却不得不去面对最不愿面对的结局。

因此，从根源上处理恐惧，需要精准定位问题的真正所在。人人都有恐惧，要有勇气承认它。穿越恐惧最快的方法，是深入恐惧的核心里去！去发现和打碎恐惧的幻象。

如何清除你的恐惧

正是恐惧，让人无法过上自己想要的生活。

人人都有恐惧，承认它需要勇气。恐惧是人的所有情绪中对人束缚和影响最大的一种。人们很容易无意识地生活在恐惧之中。很多人是被迫和无奈地工作，即使很不喜欢现在的工作，但也不敢有所变动，原因就是恐惧，对生存的恐惧，恐惧活不下去。

恐惧的一个特点是：它会极大地限制一个人的视野，让人只看到一种出路、一种活法。其实，这是恐惧之下的想法，当恐惧减少或是恐惧消除的时候就会看到更多的机会！

那如何清除恐惧呢？以下方法和建议可供使用。

第一，允许自己有恐惧，而不是否认和压制。承认自己有恐惧，接受自己有恐惧的感觉，这是能够释放掉恐惧情绪的前提。

第二，人在恐惧的时候会出现很多的想法、画面、设想等，你要做的是把注意力从大脑转移到身体的感觉层面，比如胸口发紧难受、身体发抖或是什么地方不舒服。

第三，在整个过程中，你只是接受和感受自己身体的感觉，接受那个不舒服，和它在一起。对这个感觉放下评判，不讲大道理，放下"有所为"，放下想要人为控制、打压、打断和干涉的企图。

第四，情绪是一股被压抑的能量，即通常因为被人"不承认"而压抑起来形成的一股潜流。只要这股潜流还在，迟早都会爆发，人迟早会受其影响。所以，清除恐惧的根本方法是向内釜底抽薪！这股情绪的能量会因为人不去抗拒它，而慢慢地开始释放掉。

第五，为了让你的感觉更明显，将恐惧清除得更彻底，你可以设想出最坏的结果或情景，一条一条地往纸上写（层层追问），看看自己到底最怕什么。在整个过程中，如实地接受自己的感觉。

第六，在练习这个方法时，刚开始最好安静地坐下来，什么都不做，不在情绪的驱使下做事。等练习熟练了，就可以一边处理情绪，一边做其他的事，不影响正常的工作和生活。

第七，如何判断情绪释放得差不多了呢？就是你突然感觉身轻体快了，感觉像是被卸下了一块重担，心平静了、亮堂了！知道该怎么办了。

第八，如果之后某种情绪再次出现，说明"储蓄库"里还有，坚持释放就好。

整个方法的核心，是对情绪保持一种有意识的状态，而不是无意识地被情绪推着走。意识到自己有情绪了，就接受它和它带给自己身体的感觉，不逃避、不发泄，只是静静地接纳和感受，静待其慢慢地释放完毕。释放的速度取决于你没有抗拒的程度！

最后的建议，就是把这个方法融入生活中，成为习惯。日子久了，处理情绪的能力就会在潜移默化之中越来越强。恐惧清除得越来越少，你就会活得越来越自在！

清除恐惧的不二法门

清除恐惧的不二法门是，不被恐惧的想法、恐惧的具体事物或画面所迷惑，而是锁定在身体的感觉上，比如恐惧时身体发抖、心悸、身体好像被电击的感觉等。不管人恐惧的是什么，身体的感觉基本上大同小异，都是这一类的。

有效处理恐惧的核心的方法，不是去处理恐惧的具体事物，而是去处理身体的感觉，只有身体的感觉是最真实的。

处理恐惧，就是深入身体的感觉里，不逃避、不抗拒，与这种感觉在一起，合一，静待这种感觉释放完毕。

深入你的感觉里

处理恐惧最好的方式，就是深入你"头皮发麻"的感觉里。

具体说就是，别把时间和精力浪费在让你害怕的具体对象上，而是把注意力转向背后这些东西带给你身体的真实感觉上。

人是无法去体会一个恐惧的想法的，你能体会到恐惧是因为你的身体在发抖，你的头皮在发麻，也就是说，恐惧只是一个概念、只是一个标签。人们把这种身体的反应称为恐惧情绪，真正的实相是你当下的身体在发抖、头皮在发麻！是什么标签和概念不重要，关键是你有什么感觉，你身体的感觉是什么。

清理恐惧，不是把目光聚焦在让你害怕的事物和想法上，那样永远都没个完；而是深入当你害怕时的感觉里——身体发抖、头皮发麻，不逃避、不抗拒，静待这种感觉释放完毕。

在生活里持之以恒地这样做，你的恐惧就会越来越少，再也不能像以前那样影响你！

摆脱人生的"强迫症"

人不敢过自己想要的生活，最主要的原因是因为恐惧。恐惧会让人进入一种"强迫症"模式，即被一股强迫性的外力驱使着走，而不是按自己内心的真实意愿行事。

强迫与自由的区别在于：自由是"可以"，而强迫是"不得不 (have to do)"、"必须 (must)"。

恐惧情绪具有极大的传染性，当人被恐惧大面积感染时，会进入一个失控的状态；或者是在恐惧的驱使下多动症般地抓狂，看起来还挺忙；或者其行动力完全被冻结，人彻底瘫倒或废掉。

跳出人生的"强迫症"，最需要做的是鼓起勇气去直面和穿越自己内心的层层恐惧。每放下心中的一种恐惧，也就摆脱掉一种人生的"强迫症"。

人越怕什么，越想做什么

有一个很有意思的心理现象：人往往越怕什么，越想做什么。这是因为人活在恐惧之下，很难受、很憋屈，对受制于恐惧感到愤怒，产生逆反心理，就像大人越不让小孩做什么，小孩偏要做什么一样。

人在潜意识中都想要超越恐惧，让自己的自由空间更大。这股先天的驱动力促使人去寻求完整和超越自我。

没有将恐惧处理干净，容易出现两种结果：要么生活处处有禁区，本来很正常的事儿也成了障碍，以至于举步维艰；要么是在情绪纷杂、心很乱的情况下，把握不好做事的分寸，容易伤到自己。

当清除掉恐惧之后，人会静下来，内心自然会有一个做事的倾向，这往往是最适合于当下的选择。人在自己内心的指引下，就能摆脱恐惧，知道自己该如何做了，同时又能把握好做事的分寸。

放下，绝不是出于无奈

放下，绝不是出于无奈，如果带有无奈的情绪，那绝不是真正的放下！真正的放下是不带情绪的，因为没有情绪，所以以后也不会后悔。

带着情绪的放下，很大原因是逃避恐惧，这会导致一个人进入冷漠甚至是抑郁的状态，而且因为问题并没有得到彻底解决，日后人还会时不时地闹心。

放下，不是放下目标，而是放下实现目标的障碍，放下实现目标过程中产生的情绪，把这些情绪一个个地卸载掉，让问题得到彻底解决，这才是真正的放下！

制订目标，放下恐惧

影响人制订和实现目标的最主要障碍，还是心中的恐惧。

恐惧最大和最隐秘的特点就是，它会让人无意识地去寻找一些堂皇的理由来否定掉自己的目标，这些理由有时候看起来是如此的天衣无缝和无懈可击，以至于让人无可置疑，无法拒绝。

但这时人要特别小心，看看自己到底是因为心中的恐惧，还是因为现在的能力和条件不具备。如果是因为恐惧而打退堂鼓，那要特别小心，这种因恐惧而走向自我打压、自我否定、自己拉自己的后腿，会对人生起反作用，甚至让人抑郁；如果是因为现在的能力和条件不具备，可以先做当下能做之事，为以后目标的实现创造和积累条件。

人如果是因为恐惧而放下，其实并没有真正放下，自己的内心会很纠结，会很不甘心，与其这样难受地受煎熬和内耗，就不如鼓起勇气，勇往直前！去制订和实现自己的目标。可以把大目标拆解成一个个的小目标，在这个过程中，让自己深层的恐惧一个个地冒出来，逐个地去解除，执行目标一路，清理恐惧一路！执行目标成了一个清理恐惧和不断完善自我的过程。

可以说，人如果不是通过上述这种有意地制订目标和执行目标，就很难有机会去发现和清除这些深层的、严重制约自我发展的恐惧，而如果这些恐惧继续潜伏下来，就会破坏自己的生命力。

所以，如果有意识地把制订目标、执行目标，当成一个不断发掘和超越恐惧的过程，那生活的意义就变了，变得更有意思！人也会变得越来越主动，就不会总是感到被动、无力和无奈了。

当你痛苦时，一定是有了恐惧

当人在生活中感到痛苦难受或是感觉被什么东西卡住、缠住，怎么也跳不出来时，一定是有了恐惧，这种恐惧往往隐藏得非常深。

这时，最有效的办法就是让恐惧冒出来，去直面和处理它。只有恐惧得到有效处理，人才能真正脱身出来，否则就一直深陷其中出不去。这时候，最需要防止出现的一种情况是，因为躲避恐惧而"放下"。这并不是真正的放下，真正的放下是不带情绪的！

痛苦的时候，要踏踏实实地不掺水分地去处理背后的恐惧，这才是解决问题的根本和长久之计！

恐惧的"反面"是自由

恐惧的"反面"是自由。影响人自由度的大小主要是心中的恐惧，人能走多远，取决于穿越恐惧能有多深。

恐惧穿越得越深，内心体验到的自由度就越大。人一旦在内心穿越恐惧、步入自由的维度，就会有一种深不可测、越来越摸不着边际的感觉。这是一种只有亲身体会才能意会的体验。

打破人生的"强迫性重复"

"强迫性重复"是指小到生活习惯如洁癖、不停地洗手，大到人生选择如恋爱择偶。

某种程度上说，强迫性重复即是所谓的命运，它就像是一股无形的、莫名其妙的力量在驱使着人在无意识中做出许多不必要的或非自愿的行为。

这背后最主要的原因是恐惧，恐惧会让人进入一种被迫式的生活，失去自由选择。被迫与自由的区别在于，自由是"可以"，而被迫是"只能"。

打破人生的"强迫性重复"，需要人鼓起勇气去直面和穿越内心的层层恐惧，每放下心中的一种恐惧，也就突破和放下了一种人生的"被迫"。

找回你的力量感和方向感

力量感和方向感往往是连在一起的。当人有了力量感，也就有了方向感。当方位感清晰，人就觉得自己充满了自信和勇气，敢于去尝试。

而当人失去力量感的时候，也就失去了方向感，茫然无措，不知道自己该干什么，变得思前顾后、自我怀疑，开始自己给自己泄气。让人失去力量感和方向感的最大原因就是恐惧，是恐惧阻断了人的勇气，让人只看到眼前的一丁点儿利益，紧紧地攥着，不敢松开，生怕失去。

恐惧让人只看到自己得到了什么，而没有去想或很少去想自己失去了什么。

每一次出现恐惧，人都会处于选择上坡还是下坡的择路口

每一次的恐惧都是一个上下坡的择路口，直面了恐惧，穿越了恐惧，人生就会上一个又一个台阶，"芝麻开花节节高"。

在超越恐惧的过程中，越来越看清恐惧的本质，越来越确信无论人在何种情况下，其实都可以选择与之相处的方式和态度。发生什么不重要，重要的是自己如何面对！

穿越恐惧之后，一个人会突飞猛进地成长，越来越敢于尝试自己之前根本不敢想的事情，变得勇敢而有力量。这份收获本身是无价的，是任何金钱都买不到的！

反之，向恐惧顺从，向恐惧妥协，人生就会走下坡路，生活的禁区就会越来越多，怨气也会越来越多。每一次出现恐惧，人都会处于选择上坡还是下坡的择路口上。上坡与下坡，你选哪一个？

第五篇　摧毁"犯错感"

自责的危害

自责是对人的身心健康破坏极大的一种情绪。很多身体的疾病，甚至是意外受伤，其实是由自责引发的，潜意识里有了犯错感，人就会在暗中相信自己应该受到惩罚。

自责情绪可以引发出一系列让人更加自责的事件，一旦进入自责的恶性循环，人就很难抽身。

犯错感是最不需要有的情绪

在所有的负面情绪中，有一种情绪能量最低，甚至会导致人自己结束自己的生命，那就是犯错感。那种自惭形秽、恨不能钻到地缝里去的体验，让人极度难受。

人在潜意识里有了犯错感，就会暗中相信自己应该受到惩罚，这样人会更容易生病，干活时容易意外受伤，甚至会人为地给自己制造灾难性事件，等等。总之，犯错感对人的身心健康和幸福生活影响极大。

有了犯错感人就会在潜意识里相信自己配不上好东西，不配过好的生活。一旦有了这种心理垃圾，人就会主动在第一时间秒杀自己的梦想，自己拆自己的台，做自我破坏。

对于犯错感，要发现一次清理一次，就像秋风扫落叶一般扫个精光，决不让它有一丝一毫存在的余地！

疗愈负疚感

从某种程度上说，外在的世界是中性的，是人的心赋予其不同的颜色和意义。人如果心怀负疚感，看到的就是一个充满罪恶和诱惑的世界；而如果心怀恐惧则让人随时处在有可能受到某种未知力量惩罚的担心、担忧之中。

人的负疚感如果很大，尤其是在人生的两大基本主题——钱和性上有着强烈的负面感受，那人生的幸福之路基本上就被堵死了！如果在内心深处、在潜意识里不允许自己有钱、有高品质的两性关系，对一个人来说，这无疑是致命伤！

所以，如果不疗愈内心的负疚感，人生是看不到光明的！

人会一直生活在负疚感的重重重压之下。不疗愈内心的负疚感，人在赚钱方面的能力不会得到根本好转，两性方面的问题也不可能得到彻底解决！

负罪感是可以处理的

在所有的情绪中，负罪感无疑是能量最低的一种。一个人一旦被负罪感所笼罩，等待他／她的将是永无天日的黑暗。

负罪感是可以处理的，处理的诀窍就在于你要敢于去面对它。在负罪感上来的时候，去感受它，去注意自己身体的感觉，把想法转变为身体的感觉，这是处理情绪的诀窍！负罪感和犯错感首先是一种感觉，当你去接受这种感觉而不是去和它对抗时，这种感觉会因为你的不抗拒而自行释放掉。人在心平气和中，自然能把握好做事的分寸。

有一个特大的误解需要澄清：负罪感没有了，并不必然使一个人变成坏人。一个人做好人，是因为有爱，而不是因为有负罪感和恐惧；一个人变得慷慨大方，不是因为内疚与自责；一个人做好人，是选择的结果，而不是被迫使然。人为什么要用能量很低的负罪感来控制自己，而不是把它释放掉，用更有爱的方式来对待自己、对待他人！爱让人越来越有力，而恐惧让人越来越萎靡！

有犯错感的时候最好什么都不做

人在有负罪感或是犯错感的时候，最好什么都不做，因为这时人在情绪的驱使下，很容易做出一些过度的补偿行为，让自己更难受，或是产生更多的负罪感和犯错感。这时候，人的心很乱，做什么都觉得不对劲，左也不是、右也不是，纠结难受。

所以，最好先处理情绪，让自己的心平静下来之后，再决定做什么和怎么做，这样更能拿捏好分寸，不至于在情绪的纠缠下，越做事心越乱，让自己的情绪更大，做无用功。

你的善良需要有点儿智慧

善良不是懦弱，善良不是让别人利用自己的善意，没有智慧的善良是"愚善"！

出于恐惧而去做老好人的行为，比如怕别人不认可而去讨好别人，这并不是真正的善良，因为其背后的实质是恐惧，恐惧别人不喜欢自己，恐惧就是恐惧，和善良没有关系。

善良的动机如果是恐惧，那会让善良的品质大打折扣，自己活得特耗能、特纠结，完了别人还不领情、不买账！

真正的善良是由心而发的，是不带恐惧的，是不强制自己的，不是在别人的情感勒索之下做出的。所谓情感勒索，是指人一旦自卑或是心里有恐惧，就会被别人加以利用或操纵，这是社会上许多骗术之所以得逞的原因。

你的善良需要有点儿智慧！真正的善良绝不是没有分辨力的"愚善"，真正的善良绝不是伤害自己，真正的善良首先是对自己生命的尊重！

人为什么喜欢玩自虐

负罪感、内疚、自责、犯错感，几乎是所有情绪的地基，也是人喜欢自虐、自己和自己较劲儿、自己和自己对着干、怎么伤自己怎么来的心理根源。

有一个特别有意思的心理现象，人越是在某方面有负罪感和犯错感，反而越容易总是在某方面出错。有些人为了排遣内心深重的负罪感，甚至会故意犯罪或做坏事。当被警方逮住并受到惩罚时，反而会如释重负，因为他们在潜意识中想要自己受到惩罚。

然而这是一个恶性循环，新的犯错和受到惩罚又会加重原有的犯错感，为下一次更大的犯错埋下隐患。根本的解决之道是解除原有的犯错感和负罪感，打破和终止无休止的恶性循环！

第六篇　清除情绪是"王道"

决策是否明智取决于情绪清理的程度

人在此时此地所做的决定是否明智，和此时此地清理情绪的程度成正比，人只要坚持清理情绪，就能在此时此地做出最佳的决定。

影响人做决定的主要因素是情绪，人不能快速做决断，主要是因为情绪的纠缠。人在没有情绪或情绪不大的情况下，会更容易做出精准的决断，做决断时内心会有一种确定感，这种确定感只有在心比较静的情况下才会出现。

所以，想要更快、更不费力地做出高水平决断的方法，就是坚持清理情绪。

人是从什么时候开始耗能的

只要在生活里稍微注意一下，就会发现，人耗能是从人动脑时开始的。

在此之前，人只是在很自然地做事，突然一刹那，做事的自发性不见了，开始恐惧，开始担心焦虑，开始考虑别人满不满意，这就开始了耗能，开始痛苦了。

你能发挥多少，取决于有多少情绪

你能发挥多少，取决于有多少情绪！情绪少，发挥的就越多；情绪多，发挥的就越少。

人在有情绪时，大脑处于混沌的状态，心里乱得就像一团麻，能量全耗在了前后甄选和左右为难上，拿不定主意，无法快速决断。

而人在没有情绪时，心里会有一种确定感，人在这种状态下，是很容易做出选择的。

所以，提高效率的唯一方法是清理情绪，让自己处在做事的状态。

说放就放！

人要养成说放就放的能力，这种能力会随着人处理情绪能力的提升而大大提高。人不能说放就放或是放不下，主要是因为有情绪的纠缠，人若没有情绪或少一些情绪的羁绊，就能说放就放。

说放就放，就是当机立断，不拖泥带水、犹豫不决。人有一种心理怪癖，喜欢钻牛角尖儿，而且一钻进去就出不来了，这是一个相当耗时间和精力的过程，在各种纠结中寻思、掂量、分析，脑细胞都要被榨尽了，仍然没有结果。

马不停蹄地处理你的情绪

人一定要养成及时清理情绪的习惯，否则情绪积压多了，就没法儿处理或是很难处理了。

就像人在住的地方，杂物、垃圾堆积多了，看一眼都望而生畏，更别提打扫了。情绪也一样，积压太多，人就没胆量和勇气去面对了。所以，要养成及时清理情绪的习惯。

养成这种及时清理情绪的好习惯，人就可以主动出击去找情绪的源头。在这种状态下，乘势而为，不断地清除掉各种新出现的情绪。

总之一句话，人要想往前走，就必须马不停蹄地处理情绪，否则很快就被情绪所围剿！

坚持清理情绪

人一定要坚持清理情绪，否则大脑就昏昏沉沉，效率极为低下。脑子不清晰，办事也不利索，容易给自己没事找事，制造一堆麻烦，尽做无用功。

人在脑子清晰、没有情绪纠缠的情况下，内心会有更多的灵感和直觉提醒，能够精确、高效率和流畅地做事情。因为整个过程都很流畅，带给人的感觉是放松而不是紧绷，这样的效果往往也很好。

坚持清理情绪，在头脑清醒的状态下做事，最大限度地减少和避免没有必要的能量损耗。

为什么"无为而无不为"

为什么"无为而无不为"？"无为"，是指没有情绪的纠缠，因为没有情绪的干扰，没有自我破坏行为，所以能做更多的事，"无不为"！

每个人本来都有能量，只是这些能量平时都被情绪吸走了，用在了自我破坏上，所以人就很难成事。

而人在没有情绪——"无为"的情况下，平时被内耗掉以及被恐惧锁住的能量全都释放开了，处在一个能量爆棚和生命力拓展的状态，自然能做更多的事，还能做以前从不敢去尝试的事。

放松是送给别人最好的礼物

很多时候，最好的礼物不是给别人多少钱、不是物质上的帮助，而是能让别人尤其是身边的人放松。

让人放松，是不把属于自己的恐慌、恐惧等消极负面情绪传染给别人，这是对自己的情绪负责，自己处理自己的情绪。

　　尽量不评判别人，当我们评判别人的时候，同样是在制造别人评判我们的机会。

　　好人缘不是刻意营造出来的，而是自然而然形成的。别人愿意接近我们，是因为在我们身边可以感受到平和与安全，不会受到攻击，因此不会感到紧张。

　　人生在世，匆匆百年，没有必要非要争个"你输我赢"、"我高你低"或是"你强我弱"，终不如大家都能放松、彼此舒坦来得更为实在和长远。

第七篇　别和自己过不去

从自我接纳中寻找出路

人们已经习惯在一出现问题时，就从外在或别人身上寻找出路，但往往在情绪的纠缠下，让情况更糟。

其实有一条捷径，那就是当被困住时，从自我接纳中寻找出路，当人向内斗的张力越来越小，自我就越来越合一，从而不会向外分裂用力。

只有自我接纳才会让情绪越来越小，问题的出路才会越来越清晰。

人越做自己，心里就越敞亮

人越做自己，心里就越敞亮。"羡慕嫉妒恨"，还是因为自卑，看到别人好，心里难受。

人如果自己活得淋漓尽致，看到别人有生命力，就会欣赏。

　　人越做自己，就越会希望别人也活得开心；越是自我打压，看到别人好时，心里就越纠结，甚至想要从言语或其他方面暗中打击。

做自己就是最好地履行"天命"

　　每个人都有着独一无二的天赋、才能与个性，这个世界也因此而显得异彩纷呈和美丽。这种独特的天赋与才能，只有当一个人开始做自己时，才能慢慢显露出来。不做自己、处处为难自己，人是很难找回天赋的。

　　一个人只有做自己时，才能和自己的天赋发生最深刻的连接，而只有在那时，人才能找到属于自己的"天职"，履行"天命"！

人生要看大方向

人生要看大方向，意指人要从长远、从大局角度来看自己的发展。人只要是在路上，保持在一个做事的状态，在大方向上是冲着自己目标去的，就没有问题。中间出现一些波折、起伏，甚至是暂时的"倒退"都没有问题。

人不是机器，也应该允许自己有波动。只要是在大方向上前行，而且越来越朝向好的方向发展，就是好的。

之所以说人生要看大方向，是因为人在受挫气馁时，很容易全盘否定自己，彻底抹杀掉自己之前所有的努力。人生要看大方向，正是要防止和避免在遇到不顺的时候只看到自己失利的一面，而忘掉自己已经取得的所有成绩。而且，随着人自我调整能力的增强，目标实现的时间也是可以大大缩短的。

总之，永远记得人生要看大方向，不要被眼前的困难和挫折吓倒。

海阔天空，是因为不和自己较劲

海阔天空，是因为不和自己较劲。人不和自己较劲，就不容易出现心理问题。心理问题的本质是自己和自己过不去！

只要注意观察一下，就会发现，人在难受或痛苦时，其实主要是自己在和自己较劲，是自己不愿意放过自己，是自己的内心在发生冲突。

接纳自己真实的人性

在心理疗愈中，非常重要的一步是要接纳自己真实的人性，尤其是人的一些本能。

恨自己、恨自己的人性、恨自己的本能，只能让问题越来越严重，让自己一直陷在负罪感的沼泽地中出不来。

人生本来是享受生活的过程，但前提是要接纳自己真实的人性，只有接纳自己真实的人性，才能解决问题；只有接纳自己真实的人性，才能感觉越来越好！

不让自己难受

人要培养自己怎么样都不难受的能力，以下方法和建议可以帮助你。

第一，不过度追求完美主义；

第二，不做画蛇添足的事情；

第三，保持觉知，在出现上述倾向时，迅速选择退出；

第四，培养自己快速决断、说放就放、不陷入情绪旋涡的能力；

第五，把第三条和第四条内容养成习惯；

第六，做让自己感觉好的事情。

怎么省事儿怎么来是心理健康的标志

一个人心理健康的程度和这个人自我关系的和谐程度成正比。人越自我支持，心理就越健康，做事就越"节能"。而自我关系不和谐，人就会处处为难自己，处处和自己过不去，表现在做事上，就是内耗大，怎么费事怎么来！

人如果心理健康，就会怎么省事儿怎么来，不和自己较劲儿，因为内耗少，所以效能高、效果显著，在保证做事质量的同时，也更容易出成绩。

而如果心理不健康，人会和自己过不去，凡事死磕，想着法儿、变着法儿地收拾自己、整自己，做个事累得要死，能量全内耗掉了。

谦卑是愿意承认人容易犯错误

谦卑是愿意承认人容易犯错误，正因为正视和承认人容易犯错误，所以可以少犯或不犯错误。

谦卑不见得是见了每个人都得点头哈腰，而是愿意真实地看待人性，正因为如此，人不容易走上自负之路，不以一个卫道士或是道德卫士的身份，站在道德高地去指责别人。

谦卑让人知道人性是有弱点的，这样可以保持清醒，而不是自大狂式地认为出现在别人身上的缺点都和自己无缘。

愿意承认自己是人，愿意承认人是一种容易犯错误的动物，更能让人保持谦虚。

真实地做人

如果人不能真实地活着，每天都"装"，长此以往，必然导致心理扭曲，自己都会讨厌自己，造成人格冲突与对立。

人生走上良性循环源于接纳真实的自己，不包装、不伪善，全然接受自己真实的一面，从一开始即从源头上避免自我的冲突与分裂。人如果内在和谐，外面的世界自然会好看；如果人不把属于自己的心理阴影投向世界，世界也会更和谐。

很多时候人们为了维护人际关系，违心地说话、做事，但事后这恰恰成为加速破坏人际关系的幕后杀手。一个人不能老是自己骗自己，时间长了必然通过明里暗里的方式表达自己的怨气和不满，到头来反而事与愿违，破坏人际关系。

真实地做人，更能得到别人长久的尊敬，更能建立起高品质的人际关系，因为活得真实是每个人发自内心的诉求！

保持心理健康的秘诀：不伪善

想要心理健康，其实也很简单，就是活得不伪善。人不是"装"出来的，而是大大方方做出来的。"装"不但做不成人，反而会"装"出心理疾病。

就像"君子爱财，取之有道"一样，既然有需求，就大大方方去满足。既想满足，又假装"不需要"，时间长了必然造成内心的冲突与人格的分裂，伪君子和二皮脸就是这么形成的。

不伪善是保持心理健康的秘诀。真实地活着，自己不欺骗自己，自己对自己保持绝对的诚实。

"真实"使人健康

真实给人持续性的力量，虽然刚开始时可能让人痛苦——"良药苦口"，但真实会一路保护好人的安全，为人保驾护航。虚假给人短暂的快感和虚荣，但就像打鸡血一样，只管一阵儿，刚开始时虽然激情澎湃，很快就会有挫败感。快感是很快就会过去的感觉；虚荣则是虚假的繁荣！

　　说真话、干真事、做真人，会让人越来越自信，越来越有力量，越来越喜欢自己，身心越来越健康。而虚假则会慢慢地耗掉人的生命力，虚假是极其耗能的，一个谎言需要九十九个谎言去圆。活得虚假，会让人越来越讨厌自己，自己都看不上自己，因为把所有的能量都用在了包装和掩饰上，长此以往必然影响自己的身心健康。

　　"真实"使人健康，"虚假"则损害健康！

第八篇　让你的内心变得有力量

哪些意识会阻碍人向上走

一、永远认为自己"被骗"了

自己永远是个"被骗者"。不管是在什么场合，不管是去哪里（比如买东西），首先想到的就是自己要"被骗"了。这种意识，一是会让人把"好"的经历也解读成是"被骗"的经历，永远不去关注事情的积极面，而是聚焦和固着在自己所认为的负面和反面上面；二是"被骗"的意识可能真会吸引来被骗的经历，从而又进一步加固和强化自己"被骗"的意识。带着这种意识，人生只能停留在一个"低水平重复"的状态，永远看不到光亮。

二、受害者意识

坚信自己是受害者、是输者 (loser)、是牺牲品。而之所以固守这样的角色，是因为在暗自享受一种"道德义愤感"：即通过把自己放在一个受害者的位置上，营造出在道义上居高临下于别人的快感，这样就可以把所有的指责都投向别人，而逃避对自己人生的责任，其代价是让自己变得越来越无力！

三、不相信自己会好起来

不相信自己会好起来，甚至抗拒自己能好起来。比如，一个人久病不愈，除去其他原因，其实是在自己内心深处不相信自己会好起来，有不让自己好起来的信念，这是许多人求医问药好久，病也好不起来的深层心理因素（"心因性"病）。还有人会通过装病的方式来获益，比如可以得到别人更多的关注，不需要干活等，结果真把自己搞病了，成了一个名副其实的病人。

以上几种意识，都会严重影响一个人的生命力，生命本身是拓展性的，而这些意识会让人的生命力越来越萎缩，严重影响人向上走，阻碍人走向真正的幸福与成功之路！

屏弃受害者意识

人要想走上越来越幸运的良性循环，一定要屏弃受害或受骗的意识，如总是担心自己会上当受骗，认为自己是个受害者，别人会骗自己、会害自己等。这会让自己的意识能量越来越"low（低）"，人生越来越走下坡路，生活停滞在一个"低水平重复"的状态。

而如果在意识里认为自己幸运，就更容易走向幸运，越来越幸运，生命力和能量就会越来越上扬、越来越扩展，从而进入一个全面敞开、不抗拒资源和机会、越来越全面丰收的状态！

人为什么会装病

生活中不乏最初是装病，但最后真把自己搞出病的人。那为什么要装病呢？原因是因为装病是一种让人获益／受益的行为，比如可以得到别人更多的关心和关注，可以更有理由不用干活等。

当人不停地暗示自己"有病"时，自己真就会变成病人。相比之下，靠装病所获得的收益非常可怜且得不偿失。

装病背后更深层的原因是，内心没力量，不敢、没有勇气拒绝别人，更不敢给自己做主。这和童年时的一些成长经历有关系，比如父母经常让自己干自己并不愿意干的事，只有在自己生病时才能得到父母的关注。装病成了一种自我保护行为。

但当一个人成年后，需要意识到如果继续延用这种方式，会对自己的健康不利，更会让生命力萎靡不振。不再装病，最关键的是要让自己的内心变得强大！

人如果内在有力量，就不需要用装病这种方式来给自己台阶下，而是直接行使自由选择权就好！

有哪些人是帮不了的？

根本就不想让自己好起来的人是帮不了的！

因为他们／她们在潜意识里并不想让自己好起来，好起来之后，他们／她们将失去原先的身份带给自己的获益。而这种现象的背后折射出的是这些人的内心没有力量，不能为自己的人生负责。

比如，有很多人会说自己如何如何痛苦，如何如何想要得到帮助，但其实在其内心深处并没有做好真正要改变、转变的准备。某种程度上，他们／她们把向人诉苦、获取同情当成工作，甚至上瘾，好像把自己说得比别人苦、比别人惨，自己就赢了，可以获得一种精神上的殉道者般的快感和"道德优位"。

他们这样做并不一定是有意识的，在很多情况下，这是一种无意识的人生模式。

人只要还没有为自己的人生负起百分之百的责任，别人的帮助就是极其有限的，毕竟自助者天助！人只有放弃受害者意识及其隐秘的获益，才能走上一天比一天好的人生之路！

过多解释是因为不自信

人在做过多解释的时候，注意一下，其实是对自己说的话没有信心，或者说对自己不够自信，多说话只是为了弥补这种自信的缺憾。

但事后往往证明，做过多的解释，反而容易画蛇添足，会坏了好事，本来眼看着能成的事，就因为多说，做不必要的解释，结果引起一些根本没必要的或无关的话题，偏离谈话的中心、实质，引起对方的怀疑或是抵触心理，甚至引发争执。

常言道"言多必失"，这种因为自己不够自信，或是对自己没底气，而做过多解释，把事情搅黄的情形要避免！

先让你的内心亮起来

想要生活改变，
不是一味地向外用力，
而是先让你的内心亮起来。
心向着"太阳"的方向，

看积极的一面，

相信美好，相信爱，

内心温暖、柔软，

心亮了，

自然会照亮你的世界！

提升你的内在力

什么是内在力？

内在力与外在力相对。内在力就是指人内心的力量、内在的能量。人最宝贵的财富是拥有一颗强大的心！

为什么要提升内在力？

人所有的外在成就都取决于内在的能量，有什么能量就能做什么事，成事之人必有过人之处。一个人的内在决定了他外在说什么或做什么！

提升内在力有利于提升哪些能力：

第一，真正的自信与自尊。内在有充足的自我价值感（"内圣"），外在有与人交往的自我尊贵感（"外王"）；

第二，由内而外的平和气质；

第三，敏锐的直觉与判断力；

第四，精准的识人、辨人能力；

第五，高情商。提升与他人良性沟通的能力，减少人际冲突与摩擦；打造更优质的人际关系，让人际关系为自己加分，而不是耗能！

要取得成功需必备的几种心理素质

第一，独立不惧。人成不成事，很大程度上取决于内心有多少恐惧。所谓有魄力或是有胆识其实就是指一个人的恐惧少。人的胆量确实可以通过后天的心理调整而获得极大提升的。

第二，"内圣外王"。"内圣"就是内心有充足的自我价值感，不需要把自我存在的价值建立在别人的评价之上，与人交往时可以自然流露出自信和自尊的气质。这种气质别人可以感受到，并会影响和感染到周围的人用相应的态度来对待自己（"外王"）。所谓自信，就是自己对自己自然地确信。

第三，与人交往的高情商。在高品质的人际关系中，没有一味地牺牲和违心付出。如果一段关系让自己很违心，那一定是哪儿出了问题！任何健康的可持续的人际关系，都是双方共赢和相互成全的。

第四，在心静的状态下可以做出决策和决断的能力。人在心静的状态下，会有更多的灵感和更敏锐的直觉，这要比逻辑层面上的思维和思考高效得多，更容易做出具有长远利益和对自己有利的决定。

第五，精准的识人、辨人能力。这是提高工作效率和生活效能的一个重要法宝。熟悉人性的特点，可以让人具有很强的预知、预见和提前防范风险的能力。尤其是在商务合作中，如果能快速识别一个人的"心品"，就不至于非得通过多次的"试错"而遭受不必要的损失。

第六，情绪减压与创伤修复的能力。在繁忙的工作和日常生活中，能够快速调整自己的心态，恢复平静。

攀登你内在的珠穆朗玛峰

世界上最高的山峰并不在外面，

世界上最高的山峰在你的内心；

世界上最美的风景并不在外面，

世界上最美的风景在你心里面；

登顶外在的山峰尚易，

登上内在的山峰才难；

登顶外在的山峰是"一览众山小"，

登顶内在的山峰则是"内在超越"；

登顶外在的山峰是一时的愉悦，

登顶内在的山峰则是获得永久的成就感；

登顶外在的山峰是"外在成就"，

登顶内在的山峰是"内在修为"；

登顶外在的山峰容易忘却，

登顶内在的山峰则永世不磨灭！

为这个社会传递正能量

　　每个人能为这个世界所做的最好贡献，就是让自己的心理变得更健康，这样就不容易给周边和社会传递负能量。而这样做的出发点（动机、动因），并不是要在别人面前显得自己有多么"高大上"，或是在别人面前谋求一个"卫道士"或是"道德卫士"的角色，而是因为这样做会给自己力量！

　　一个人的心理健康程度，决定了他／她所传递出的信息的意识水平。一个人传递负能量，是因为他／她心里痛苦，所以才会制造出让人难受的东西。判断一个人的心理是否健康的重要参考依据就是看他／她所传递出的东西是不是让人感觉正面。

在生活中，我们要有意识地去接近正能量和美的东西，把时间浪费在美好的事情上，远离那些带给自己负面感觉的事物，这是让自己的身心尽快变得健康的捷径。

改善自己的心态，只有自己的内心充满阳光，才能让这个世界更加美好！

心理问题的根源：只要"面子"，不要"里子"

只要"面子"，不要"里子"，是人出现心理问题的一个根源。

所谓只要"面子"，不要"里子"，是说人喜欢玩虚的东西，喜欢玩表面和给别人看的东西。比如很多人会出于虚荣，宁愿花大价钱去买奢侈品，在别人面前显摆，也不愿为呵护自己的心花点儿钱。其实这个世界上只有自己的心是最值得关照的，试问还有什么比心更值钱的？！

这种只要"面子"，不要"里子"的心理倾向，很容易或者说几乎一定会为以后潜埋下心理危机，等哪一天真出现问题，采取的也是一种救急和"临时抱佛脚"的方式，很快又恢复原有的生活模式，把自己的心再次抛到一边。

人怎样对待自己的心，心就会怎样对待我们。健康的心理的形成，不是一朝一夕的事情，需要我们平时就去关注、就去呵护，这样才不会出现大问题！

有意识地接近正能量

所谓正能量，就是给人力量的东西，而负能量则破坏人的生命力。简言之，正能量"给力"，负能量"卸力"。

之所以要强调有意识地接近正能量、远离负能量，是因为正能量、负能量代表的是不同的能量场（energy field），而能量场是看不见、摸不着的东西，对人的影响也是无形的、潜移默化的、不知不觉的，但带给人的感受是截然不同的，如积极的东西让人充满希望，消极颓废的东西使人的能量下沉。

人的选择和意愿在这一过程中，起着关键性的枢纽作用。不同的选择和意愿，就像启动了不同的按钮，会把人置于不同的能量场。所以，要有意识地接近正能量，远离负能量！

进入一个自我赋能的状态

自我赋能，就是自己给自己力量。人的力量的源泉并不在外面，而在自己的内心，人可以随时变得有力量起来。

人有时"无力"，是因为把力量之源寄托在外在，以为力量在外在的某个地方或某个人那里，所以就去外在寻找力量，将自己置于"受害者"的地位。所谓"受害者"，就是主动把自己的力量拱手相让于他人。

而人要做到能够自我赋能，要和自己内在的力量之源紧密相连，不再分离！

如何确保自己一直往前走？

第一，有为自己的选择负责的决心。

即在做一个决定前，就已经下好了决心，为自己的选择负责！而不是犹犹豫豫，总是找各种理由。

很多人说自己苦，想要如何如何改变，但其实并没有做好要为自己的人生承担百分之百责任的准备，真要改变或是采取行动时，就退缩了。人只有有了为自己的选择承担百分之百责任的勇气，才可能迈出去！这是改变的第一步。

第二，有为自己的选择负责的能力。

光有决心，没有能力，容易落空。所谓负责的能力，是指人要有为自己的选择兜底的功夫，比如拥有自我调整能力，当在做事或是行动的过程中出现各种影响心态的状况时，可以很快调整过来，不至于一蹶不振，走下坡路。

人只要具备以上两点，既有为自己的选择承担百分之百责任的决心，又有为自己的选择担当的能力，那就没什么好怕的，勇往直前并好好享受这一过程吧。

成熟的人不会刻意去揣摩别人的心理

第一，成熟的人会把绝大多数的时间都用来提升自己的内在上面，没有时间去揣摩别人的心理。

第二，通过揣摩或猜透别人的心理，获得哗众取宠的效果或关注，是不够成熟的表现。

第三，成熟的人会更多选择包容与宽容，愿意放下"卫道士"或"道德卫士"的评判姿态，因为是人就都有缺点！

第四，如果一个人与自己的内心连接得足够紧密，其直觉能力会很强，这是种内在觉知力 (inner knowingness)。

感恩让人更有力量

感恩让人更有力量。感恩不是靠道德感强逼和强求自己，而是在生活品质持续改善提高的过程中，真正发自内心地愿意放下一些经济上的考量，而为社会、为他人做事，是因为自己想要这样做，而不是别人逼自己或是告诉自己应该这样做！

当人处在这种"大度"的状态，会觉得内心更有力量，这种状态又能推动人更好地做事，促进和外界关系的良性互动。

第九篇　找到自己真正喜欢的事

如何判断一份工作是不是你真想要的

第一，这份工作是否是你发自内心喜欢的，不仅仅是为了谋生才做；

第二，这份工作是否和你的兴趣、爱好、天赋相符；

第三，在做这份工作时，你的内心是否有愉悦感和成就感；

第四，在做这份工作时，你是否能保持专注。

如果以上四点答案都是肯定的话，那要恭喜你，因为你所做的，是自己真正喜欢和擅长的事。你要做的是继续坚持！人在做自己真正喜欢的事情时，就会全力以赴，内心充实有力。

人在找到自己真正喜欢做的事情前，难免会经历一些波折，但这也是过程的一部分。在这个过程中，你要做的是好好地爱自己，爱护好自己的身体，多聆听内心的指引，就会找到自己想要的工作！

聚焦在自己喜欢做的事情上

　　人成长最快的一种方式是：聚焦在一件事情上，最好是自己非常喜欢做的一件事，把它变成自己的事业。

　　这样，人在做事的过程中，就可以持续产生灵感和直觉，进入一种由内心指引的非常美妙和自然流畅的状态。

　　之所以要这样做，是可以最大限度地确保一种有力的状态。人的意识越来越专注，状态越来越稳定，会让自己越来越有信心，无疑更容易心想事成。

专注的力量

　　人比较容易迷陷于各种不相关的事情，耗费自己的时间和精力。专注于自己喜欢做的事，时间长了，就会形成一股内在力，注意力不再容易分散和游离。

　　专注就是持之以恒的力量，水滴石穿！人在做事的过程中不可能总是一帆风顺，在遇到瓶颈时，必须坚持，如果这时选择了退缩，那可能就和"柳暗花明"或是"黑暗"之后即将到来的"黎明"擦肩而过了。

保持一个"能量输出"的状态

人在做自己真正喜欢、热爱的事情时，是处在一个"能量输出"的状态。所谓"能量输出"，就是指一个人，充满了力量，内在有力，意识集中、清晰，百毒难以入侵。

人一脱离这种状态，意识很容易不集中，被无关、无聊甚至是有害的信息吸引。人就会越来越无力，对自己逐渐失去信心，没了精气神。

不要给自己留退路

不要给自己留退路！人处处给自己留退路，其实还是对自己没信心，对自己所做的事没信心，所以还犹豫不决，处在不确定之中。

给自己留退路，是因为还不清楚自己真正想要什么，还处在一种自我迷失的状态。

人如果非常清晰自己想要什么，内心会有确定感，无须给自己留退路，留退路反而是一种分心的行为。

不给自己留退路并不是强逼自己的结果，而是在清晰自己要什么的情况下，主动做出的选择。

如何保持意识专注的状态

以下几种方式有利于保持意识专注：

第一，保持高度觉察，发现自己的意识跑偏了，立即调整回来；

第二，找到自己喜欢做的工作或事情，在坚持做事的过程中磨炼自己的专注力；

第三，学会处理情绪，能够从情绪纠缠的状态中出来；

第四，学会坚持，把以上方式养成习惯。

保持做事的状态

人如果不专注在一件事情上，能量很容易下滑，变得越来越没有信心和力量，极大地影响自己的状态。

在生活中练习专注力最简单的方法是，聚焦在自己喜欢做的事情上，不偏离，让自己保持在一个做事的状态。如果这件事刚好是你的工作，那是极好的！

只有保持做事的状态，人才能专注，不容易被外在的一丁点儿风吹草动所引诱。人在做自己喜欢做的事情时，更容易全身心地投入。

业精于"专"荒于"随"

人要想有所作为，需要有聚焦的能力。这种坚持的原动力不是靠逼自己，而是源自做事过程中产生的内心成就感和力量感，这是支撑人可以不断向前走的动力源。

之所以说业精于"专"荒于"随"，是因为人只有不断地聚焦在一件事情上，才能把专长打磨得像宝剑一样锋利！把一件事做到极致。

专注在一件事情上可以带给人宝贵的自信和自尊，这是用多少钱都买不来的。人做事不单单是为了经济因素，更主要是为了保持住内心的这份成就感和坚定感，内心有力量，人才能一直往前走。

处在意识散漫的状态，信心很容易瓦解掉，人越来越没有力量，这是人所最无法承受的代价！

既专注又放松

人的意识通常容易处在两种极端状态，要么是高度紧张，比如赶任务的时候；要么是游离状态，比如刷手机的时候。那怎么样才能让自己处在一种既头脑清晰，又不是刻意用力的放松状态？

答案是，找准一件自己真正喜欢的事，把它变成自己的职业或者事业，这样在工作的时候，人就可以进入既专注又放松的状态。因为做的是自己真正喜欢的事，所以全身心投入，没有分心和耗能，不会一边干着手头的事一边心里还想着其他的事，专一、专注，不会溜号。

人在做自己喜欢的事情的时候，内心会有深深的成就感和愉悦感，能激发大脑释放内啡肽，而内啡肽是人体自带的、最好的天然免疫剂，其本身就是使人放松的。当人在紧张的时候，身体释放的是肾上腺素——要么战斗，要么逃跑，会让人更紧张。

人在做自己不喜欢的事时，内在处于一个分裂的状态：大脑告诉自己要生存，就得做现在的工作，但其实自己并不这样想！人是在逼自己完成任务，在逼自己喜欢自己并不喜欢的事，这就会导致抑郁。

在做自己不喜欢的事时，人是很拧巴的，大脑和心在不断地打架，内耗极大，人很难有机会放松下来。而人在压抑一段时间之后，极想要放松，又很容易陷入各种意识不清醒的活动之中，比如不停地刷手机、酗酒等。但这些行为并不能给人以真正的放松和愉悦，甚至在完事之后，会产生极为强烈的自责甚至是负罪感，内心最深层的诉求总觉得没有得到满足！

心不为外所动

心不为外所动，就是不管外在发生什么，都不影响自己专注于自己的事情。在这个过程中，可以有所调整，但不影响自己的大方向。

这是一种聚焦（focus）和专注的能力，在做事的过程中"炼心"，磨炼自己，从而获得内心成长。

心不为外所动，不是强逼自己的结果，而是在生活中不断地、深切地体验到：内心的安宁是多么重要。没有内心的安宁，一切都是浮云！

世界上最高的山峰并不在外面，就在人的内心！心不为外所动，你就有机会登上内在的巅峰！

找到创业方向之前先要找回自己

创业成功需要具备一个前提：那就是不要在自我迷失的情况下去创业！

处在自我迷失的状态，人不清楚自己想要什么，创业的动机不够纯粹，容易在冲动之下，草率地做出决定。但如果事后发现这根本不是自己真正想要的，就会陷入进退两难、骑虎难下的纠结和尴尬之中，坚持下去没有动力，放弃又搁不下面子，心思不能用在做事上，能量全在内心的冲突中内耗掉了。

人只有在头脑清醒而非自我迷失的状态下，才能知道自己真正想要什么，才有可能找到适合自己的创业方向。因为是自己真正想要的，所以不管今后遇到什么困难，都有动力坚持下去。促使一个人最终坚持下去的原动力是内心的成就感和真正的热爱！

如何不把"创业"变成"创伤"

第一，避免在自我迷失下进行创业。人在自我迷失的状态下，根本不知道自己想要什么，有的人连着创了几次业就连着失败几次，从而严重焦虑，睡眠出现问题，身心健康受到极大摧残。这是典型的把"创业"变成"创伤"！

第二，强大的自我修复和自我调整能力。在创业过程中难免会经历各种情绪的冲击，如对生存的恐惧，各种担忧、害怕、焦虑、急躁等。是把创业变成促进自己快速成长的契机，还是变成越来越向下走的危机，关键就在于能否有很强的自我修复能力和情绪的自我调整能力。如果能，那创业就能顺利走下去；

如果不能，那创业就可能变成"创伤"！

总之，不以成败论英雄，不管创业成功与否，都要学会爱自己和自我呵护。

创业所需要具备的心理素质

创业靠的不是一时的兴起，而是需要有相应的心理素质的支持。

第一，有在心静之下做重大决定的能力。如果心不静，慎做重大的人生决定！在心静之下，人更能知道自己真正想要什么，不容易仓促草率地做出决定，增加试错的成本。

第二，敢于从头再来，有放下的勇气。对于不是自己真实的意愿或不是出自深思熟虑的决定，要勇于直面，敢于及时调整，甚至是放下，避免把自己置于骑虎难下的境地，在内耗中煎熬。

第三，有强大的自我调整能力。创业中经常要面对和处理危机事件，如资金链的断裂等，有些是可以预知的，有些是意料之外的。因此，没有强大的自我调整能力，可能会被各种情绪整得焦头烂额，乱了手脚，无法再坚持下去。

但如果有强大的自我调整能力和处理情绪的能力，就能把危机转化成成长的契机。每克服一次危机，就会有新的成长、体悟和收获。创业也许是最难的一条路，但同时也是成长最快的一条路！

　　总之，创业靠的不仅仅是激情，更需要有相应的心理素质的支撑，这样创业之路才会走得稳健。

第十篇　修复你的情感关系

改善人际关系的秘诀：情感支持

改善人际关系，尤其是亲密关系的秘诀是，给予对方情感支持。人们已经习惯于讲大道理，而这恰恰容易造成情感的疏离与隔阂。当人在和别人诉说一件事情时，其实潜意识里是想要得到对方情感上的支持，如果这时听到的是大道理，心里立马会树起一道"墙"。

人在诉说的时候往往带有某种情绪，本就已经情感受挫，此时如果再听大道理只能更来气，而如果听到的是入心的话，情绪更容易舒缓下来。

亲密关系需要的是情感支持而不是大道理

亲密关系（如情侣、家人、亲人之间）中，最需要的是情感支持，而不是讲大道理。

　　当一方在喋喋不休地向另一方诉说时，其实他／她想得到的只是一个情感上的支持，只想听到一句顺气话，你给了他／她这句顺气话，可能就没事了。一个人在得到情感支持后，心更容易平复下来，自然可以理智地去面对和处理事情。

　　但亲密关系中最常见的现象是，一方会给对方讲大道理，从道义的层面去教育对方，而不是给予及时的情感支持与呵护。讲理不讲情，这是导致诸多亲密关系出现问题的根源！

　　用大道理去压制对方真实的情感反应，会激起对方更强烈的情绪反弹，让彼此之间瞬间产生隔阂，甚至直接引发激烈争吵。久而久之，彼此之间就变得不再亲密，交流越来越少，一方宁愿向外人去诉说，也不愿再向对方坦露心声，因为从他／她那里得不到情感支持。

讲理不讲情：亲密关系的大忌

　　夫妻、情侣、亲子等亲密关系中最容易出现的现象是，一方总想要占领道德高地，掌握话语霸权，一定要分出对错、输赢和高下，总是想要在道理层面压倒对方，以求在心理上保持居高临下的姿态，否则就没有安全感。

　　在亲密关系中，当只剩下讲大道理时是最可怕的，外在标准取代了鲜活的、真实的情感，道理和道义阻滞了真情的自由流露。

外在标准让人有被强迫和被强加的感觉，容易引发逆反的情绪，让关系越处越难。而内在标准——爱，则内化于心，与生俱来，全方位滋养人的生命。

亲密关系的最初确立是基于对爱的确认，而爱同样也是亲密关系得以维系的保证！

缺乏心理层面的交集是发生婚外情的重要原因

常言道，冰冻三尺，非一日之寒。很多夫妻中的一方在发生婚外情之前，其实早就与对方结下了心结，因为缺乏心理层面的交集和沟通，心结非但没打开而且越结越死，导致出现各种问题。

在婚姻关系中，如果双方缺乏心理层面的交集和沟通，深层的情感需求得不到满足，很容易为婚姻的破裂埋下隐患。

双方有了心结之后，又缺乏良性沟通，说起话来都是带着气，针尖对麦芒，一方甚至会出于赌气做一些事来刺激和惩罚对方，另一方则可能针锋相对，采取报复性措施，使冲突进一步升级，加速关系的恶化。

另外，缺乏心理层面的沟通和交集，又会影响双方拥有高品质的性生活——这是幸福婚姻不可或缺的重要元素。现实中，有些夫妻早就没有了性生活，无性婚姻多年。在一些离婚案件中，当事人对外声称是"合不来""感情关系破裂"，其实不好告人的真实原因是夫妻性生活出了问题。

其实，在婚姻中，很难直接用道德评判哪一方是错的，哪一方是对的。所谓关系，往往是双方长期互动的结果，而关系的改善也需要双方鼓足勇气去直面真相！

情感支持和价值确认

人与人之间改善关系最好的方式是：情感支持和价值确认。尤其是在亲密关系中，这些尤为重要！

情感支持是指放下讲大道理的架势，给予对方情感上的支持。人们很容易带着要讲大道理的倾向，认为对方是有问题的、是错的，所以需要被教育！

和别人讲大道理，很容易起到适得其反的效果，往往会激起对方的敌对情绪，引发争执，造成没有必要的人际冲突与摩擦。

　　人之所以需要情感上的支持，是因为通常大家听到的都是大道理，大道理已经听得够多的了，再讲当然会激起人的反感，这时发自内心的情感支持反而会让对方受益，也会让双方的关系融洽不少。

　　价值确认是指每个人终其一生的努力，无非是在寻求自己是值得被爱的和有价值的。在人际关系中，如果能让对方感到自己是有价值的，其做的事是有价值的，那对方会很受用，通常也会放下防御。当一个人感到自己是有价值的和安全的，其最深层的诉求也就得到了满足！

人与人之间是一种情感的联结

　　人与人之间，首先是一种情感的联结。这种情感的联结不因时空的变化而有变化。情感的联结，就是心的联结，当我们和某个人有情感的联结时，可以很明显地感受到，比如一想起某个人，内心就变得非常柔软，我们真心希望对方好，对方也可以感受到我们的心意，尽管这种联结是看不见的。在关系更近的人中间，如恋人之间，甚至有心灵感应。

修复你的情感潜意识

通常人们所谓的"缘分""感觉""一见钟情"等，其实很多时候是男女双方各自潜意识的"合套"。一个有恋父情结的女孩儿很容易和一个有恋母情结男孩儿走在一起，因为在对方身上都找到了自己的需求。

另外，对恋爱择偶影响非常大的一个因素，是自我价值感："配"还是"不配"的感觉。如果自我价值感弱，人就会在潜意识里认为自己"配不上"优秀的异性，而专找看起来比自己弱、不让自己感到自卑的异性，从而保持心理优位；或是与优秀的异性相处时，莫名其妙地采取自我破坏行为，自己坏自己的好事！

总之，在恋爱择偶中，要有意识地觉察和打破自己的潜意识模式，提高识别对方的心理是否健康的能力，少走弯路！

好女人是怎么落在"坏男人"手里的

有很多非常优秀的女孩子，在其他方面发展都很好，但就是在感情上面不顺利，总是走弯路，尤其是容易落在"坏男人"的手里。背后的原因到底是什么呢？

一个核心原因就是自我价值感低，那自我价值感低又可能源于什么地方呢？

首先可能是童年或是幼年时"被遗弃"的伤痛。比如孩子从小就不被大人重视，没有存在的自我价值感，甚至被当成累赘。

第二个原因可能是从小缺乏父爱。没有父亲在身边，或是父亲没能很好地履行保护的责任。一个人健康的成长环境是"顶天立地"：母亲是踏实的"地"，父亲是遮风挡雨的"天"。缺乏父爱，缺乏安全感，会造成内心中与男性特别纠结的情绪。

以上两个原因叠加起来，就会造成人的自我价值感低，极大渴望男性的爱与保护。只要别人稍微对自己好一点儿，就会投入感情，把自己奉献出去。

要想在感情上少走弯路，所需要做的就是打开心结，疗愈过往的伤痛，重新找回自己的自信和内在的美，开始新的美好生活！

在恋爱择偶中需要注意的心理因素

人们在恋爱择偶中，容易忽略掉一个非常重要甚至是核心的考量要素，那就是对方的心理健康水平，而这直接关系到双方长期相处的品质，以及未来婚姻的幸福指数。在恋爱择偶阶段，能够快速识别对方的心理健康水平，至为重要。

人们在找对象时，最常说的一句话就是"只要人品好就行"，那"人品"到底是什么呢？"人品"其实就是"心品"，一个人的心理健康水平，直接决定一个人的心品。

人在恋爱择偶中，需要注意哪些心理因素呢？

第一，首先需要知道自己内心的真实需求，做出符合内心真实意愿的决定；

第二，防止被表象及其他"包装"所迷惑，只有通过真实接触，才能深入了解一个人，避免沉溺在幻想之中；

第三，解除影响自身的心理障碍，如自我价值感低、潜意识里不认为自己配得上优秀伴侣等；

第四，觉察并跳出自己恋爱择偶的既定模式，如每次总是找同一类型的人；

第五，学会处理与恋人相处中的情绪问题，顺畅双方的关系，提升情感关系的品质。

开启新恋情之前先要清理过往情感经历的遗留问题

开启一段新恋情之前，最好先把过往情感经历的遗留问题清理完毕。

过往的恋情往往会遗留一大堆情绪问题，如悲伤，"再也找不到这样好的了"；绝望，"我和爱情彻底无缘"；愤怒，"男人／女人没一个好东西"；自责，"我对不起他／她"；羞愧，"我不配"，等等。如果不解决这些情绪问题，要么会让自己卡在情感的瓶颈上停滞不前，要么会沉溺在过往情感的伤痛中无法自拔，要么会影响自己的眼光和判断力。

人的想法是由自己的感觉（情绪）决定的，感觉变了，人的想法自然会变。人在失恋的情绪下，会以为某某人是自己生命中的唯一，失去了他／她也就意味着，自己今生和爱情彻底绝缘了！其实这只是在情绪的"有色眼镜"下看到的假象，释放掉情绪，就会发现，其实天底下好男孩和好女孩有的是。

所以，在开启新恋情之前，先把过往的情感经历好好梳理，把遗留的情绪清理干净，避免重蹈覆辙。

第十一篇　财富心经

财富状况反映出一个人的意识状态

财富是一个人一生中最无法回避的主题。人们多是目光"对外"，只忙着从外面去找钱，从来没有很好地、认认真真地看看自己的内心关于金钱到底都有些什么意识。

如果一个人的意识本来就是"贫瘠"的，那对人生的影响是摧毁性的，这不单单会影响一个人赚钱的能力，还会影响这个人的身心健康、工作事业、人际关系、恋爱婚姻等方面。

财富状况反映出一个人的意识状态，要解决经济问题，最首要的是去解除阻碍财富流向自己的意识障碍。

为什么免费的东西更昂贵

为什么免费的东西更昂贵？这主要是从对人心理的影响来说的。

第一，一个人如果只对"免费"感兴趣，只对"得"感兴趣，折射出的其实是意识的"贫瘠"。人一旦意识贫瘠，这对人生的影响将是极具杀伤力的，比如这会导致经济上的贫瘠或始终处在一种困顿的状态。意识贫瘠的人，往往在人际关系、两性关系、家庭关系上也一塌糊涂，对别人来说好像是一个漏油管，只吸取能量而不输出能量，时间长了难免让人敬而远之、避之不及。

第二，对于"提供者"来说，如果长期为别人免费做事，内心难免不平衡，这容易让双方的关系变得越来越微妙复杂。"提供者"需要敏锐觉察自己做事的真实动机，是为了在别人面前谋求一个居高临下的"道德优位"；或是因为自我价值感低从而寻求被认可；还是出于恐惧等。

在接受"免费"的过程中，如果"接受者"没有满足"提供者"的期待，那"提供者"有可能会把长期积压起来的怨气转嫁到"接受者"身上，这对"接受者"来说，反而造成了伤害，没有人愿意接受没有尊严的给予。

钱是充裕的意识"吸引"来的

通常人们把赚钱理解为一种外在的行为，即一个"得"的过程。其实，有钱没钱首先反映的是人内在的意识状态，外在的经济状况可以如实地反映一个人内在的意识是贫瘠的还是充裕的。

意识若是贫瘠的，人就不会相信自己会成为有钱人，或是坚信赚钱特别难，因此也会用特别难的方式去赚钱。贫瘠意识永远让人在钱的问题上有种缺乏感和危机感，而这又加剧了经济上的困顿，人始终被没有安全感的恐惧所笼罩并驱使。

意识若是充裕的，人就不会觉得有钱是一个难事，意识上很少或没有对钱的阻碍，反而更容易吸引得到钱的机会。需要注意的是，钱代表的其实是一种能量的自由流动。

从更高的层面讲，钱不是"由外而内"、从外面得来的，而是"由内而外"、由内在充裕的意识吸引来的！

调整你的财富心理

人们很容易把财富只当成"外在"的事儿，认为只要从外面去赚钱、去努力就对了，其实关于财富的意识、财富的心理才是影响赚钱的根本及长远因素。

对人赚钱影响最大的，莫过于自己的心理是贫瘠的还是充裕的。如果是贫瘠的，在内心深处不敢相信自己会有钱、不认为自己会成为有钱人，这就已经把财富之路堵死了！

潜意识里认为自己和"有钱"无缘，会导致一个人对金钱的问题保持冷漠，而这种冷漠是出于面对这一问题时的恐惧的防御，或者会导致一个人拼死拼活地、以牺牲身体健康为代价的方式去赚钱。年轻时用身体换钱，年老时用钱换身体。

所以有句话说，"有钱的人越有钱，没钱的人越没钱"。只有通过调整自己关于财富的心理状态，才能彻底解决金钱问题！

第一，通过意识法则改善经济状况

财富是谁都躲不过的重要人生课题，如何通过意识法则改善自己的经济状况呢？

意识法则一：看看你的内心深处，是否有阻碍自己变得有钱的垃圾意识，如果有的话，把它清理掉。有些意识障碍藏得非常之深，以至于平时不注意根本觉察不到。带着这些潜意识，人很难在经济上有大的改观。

意识法则二：钱原本就是一种流通物，或者说是一种自由流动的能量。就像池塘的水，有出才有进，只想进不想出，财富的能量就阻滞了。所以，要有为别人付出的意识，才会让自己变得富足起来。

第二，修复你和金钱的关系

人和钱的关系，就像是人和人的关系，你不喜欢一个人，对方是可以感知到的，自然会远离你，和你保持距离。人和钱的关系也一样，纵然没有几个人会承认自己不喜欢钱，但一个人内心深处对金钱的态度，也能决定这个人是否容易赚到钱。

人的有些深层潜意识会阻碍自己获得金钱，它们潜藏在人的意识深处，不容易被发现，但却深刻制约着人对金钱的态度。比如：

1. 金钱是万恶之源；

2. 男人有钱就变坏，女人变坏就有钱；

3. 有钱人不是好东西；

4. 有钱人的钱都来路不正；

5. 人一旦有钱就会变得狂妄自大；

6. 有钱的人更容易"出事"；

7. 钱多了会带来祸患；

8. 钱多了会引起别人的忌恨；

9. 人怕出名猪怕壮；

10. 树大招风；

11. 要夹着尾巴做人；

12. 有钱人家的子弟更容易学坏；

13. 有钱人进天堂，比骆驼穿过针眼还难。

如果潜意识里有这样一些对金钱的成见，就难怪钱为什么会远离了。这些潜意识就像是一道道无形的壁垒，挡住了金钱这一流通物的自由流动，它只能流向那些没有或是很少阻碍的地方。

想要经济富足，先要有充裕的意识

财务的自由也好，经济的充裕也罢，说到底其实只是人内在意识的反映。贫瘠的意识带来贫瘠的人生，充裕的意识带来充裕的人生。想要脱贫致富，首先需要调整自己关于钱的意识。

比如，想要经济富足，人要有互利共赢的意识，愿意为别人的付出而付出，愿意为别人的劳动付出相应的代价。如果有这样的意识，就会像湖面上泛起的涟漪，充裕最终会返回到自身。

相反，如果很少有或基本没有要为别人的付出而付出的意识，只对免费感兴趣，只琢磨怎么样从别人那里得到或是得到更多，这样的意识会让人停留在一种"低水平重复"或经济困顿的状态。

所以"有钱的人越有钱，没钱的人越没钱"，其实讲的是意识法则：人的内在意识与外在生活的对应关系。

通过调整自己的内在意识，改变对金钱的看法，让自己可以不断创造财富！

做事与赚钱

搞清楚"做事"与"赚钱"的关系至关重要。

想要更持久地赚钱，就要把做事放在首位，把做事的品质放在首位。当人用心做事时，内心会产生成就感、愉悦感，这会推动人更好地做事。保证了品质，来钱是自然的结果。最重要的是，人在做事的过程中获得的踏实感和力量感是金钱买不到的。

当做事沦为只是赚钱的工具时，做事就成了一项强制性的、必须完成的任务，成了一项指标，这时人会高度焦虑，身体健康受损，就更不容易赚钱了！

第十二篇　连接内心的灵感

用灵感做事

人既可以用灵感做事，也可以用思维做事。

用灵感做事，人会有一种天然的确定感，自然流畅、浑然天成，不需要过多思虑，有种"就是它"的感觉。

而用思维做事，人会很耗能，经常要左思右想，动不动就陷入思忖之中，拿不定主意。

所以，人要尽可能多地用灵感做事，找回自己的状态。

找回你的灵感！

"灵感"和"思维"是两种差异很大的能力，灵感更多是属于先天的，而思维更多是属于后天的。

当人处在灵感的状态，会感觉有种解脱感，而一回到思维的层面，很快就会觉得困难重重，喘不过气来。

灵感在一瞬间可以突破时间和过往的束缚；而思维则把人拉回到时间轴的范围，这时人就有痛苦了。

人只有尽可能多地活在灵感的状态，才能摆脱痛苦。

利用好你的直觉和灵感

人第一时间的直觉、灵感往往很准确，尤其是没有经过情绪和杂念干扰过的。一经思维的过滤和演绎，事情往往变得越来越复杂，把简单的问题复杂化，徒劳地制造出一堆麻烦事。如果按照最初的直觉和灵感早就解决了，思忖得越多，反而越手足无措，不知该怎么办好了。

直觉不一定都对，但在没有更好或特别确定的修改方案前，不妨别做画蛇添足和自寻烦恼的事，自己给自己找麻烦，也破坏了直觉、灵感的"自然自发性"！

直觉的能力

相比逻辑思维，直觉有时更精准。直觉和思维是两种不同的能力，与思维相比，直觉是一种"先在"的能力，具有迸发性、先天性、"自然自发性"。

直觉可以绕开情绪和思维的干扰，或随着情绪和杂念越来越少的干预，准确度更高。

直觉也可能有失误的时候，但这种失误有时是自我成长不可或缺的一部分，从中可以获得更深刻的领悟和更实质性的进步。

从外面寻找答案会让人失去成长的契机

人在有疑惑时，习惯从外面寻找答案，但这样往往原来的问题还没解决，就又增加新的问题，变得比原来更疑惑，更没主意。

其实每个人在内心都知道该怎么办，都能做出最适合自己当下的决定。有了疑惑，最需要的是回到自己的内心，去和自己的心沟通，而不是带着问题去"外求"，舍近求远、绕弯路，越走越迷失。原来的问题没解决，又增加一大堆新的问题！

　　每一次的疑惑都是一次非常难得的自我成长的契机，都是一个和自己的内心建立连接的机会。人要想活得越来越明白，成长得越来越快，那就无论在什么情况下，都毫无例外地去从自己的内心寻找答案。

和内心的灵感建立连接

　　人解决问题可以有两种方式：一种是很耗能地、绞尽脑汁地去想，有时能想到头昏脑涨，脑细胞都要被耗尽的感觉；还有一种是无意之间就蹦出来灵感，伴随一种恍然大悟的感觉，困扰已久的问题一下子就解决了，这是一种很美好和美妙的体验。

　　很多时候，思考是一种效率低而且未必精准的方式。如果成了停不下来的"强迫性思维"，反而会成为一种负担，让人更痛苦。相比之下，灵感不费力、不刻意，效率高、节省能量，如果人能在更多的时候通过灵感解决问题，那是极好的。

　　和内心的灵感建立连接，让更多的灵感涌现出来，使生活进入效能高效的新模式！

唤醒你内在的智慧

有句话说得好："读万卷书不如行万里路，行万里路不如阅人无数，阅人无数不如名师指路，名师指路不如自己开悟。"

每个人的内在本来就有很高的智慧，人处在"迷"的状态，就会对这位内在的"大师"和"智者"毫无觉察，而处在"悟"的状态，就会与内在的智慧建立紧密连接。

内在智慧与生俱来，无须外求，人需要做的只是打通和清除掉阻碍内在智慧显现的障碍。

超越理性的限度

思维和理性只是人所有能力中很小的一部分，思维和理性之所以获得神圣化般的顶礼膜拜，是因为人们还没有充分体验过活在另一种完全不同维度的滋味。

思维和理性的特点是概念化和逻辑化，即把一个合一的世界分离成不同的组成部分，抽离和建构出一个概念和逻辑的世界。但概念和逻辑并不等同于现实和实相 (reality) 本身，语言也不等同于所指。

理性永远无法理解"弥散性"的爱，更无法理解一个完全无思无虑的世界。

理性一直在追求精确化和可预测性，实质上是害怕失去控制。理性限度的超越起于：当"一切都是可控的"这一人生信条在现实中碰壁，甚至是发生人生"触底性"(hitting bottom)的失败，人开始怀疑理性万能的神话，开始怀疑理性的局限性，开始愿意向更高的未知世界敞开！

心灵成长的方向与方法

在心灵成长中有两个东西很关键：一是方向，二是方法。

第一，心灵成长的方向

方向至关重要，方向决定速度！方向走反了，会做大量无用功、绕弯路，浪费时间、精力、金钱不说，还可能让自己更加迷茫，甚至被误导。

不再停留在理念的层面，而是开始有自己的体证、体悟；不再走"脑"，开始走"心"，这是心灵成长中非常重要的一环。

只有完成这一转变，心灵成长才真算是"入了门""上了道"。

第二，心灵成长的方法

大道理都懂，但就是做不到，这是多数人的困惑，而方法就是专门解决"知行合一"这一难题的。人有一个心理癖好，那就是容易轻视方法，看不上方法，宁愿花时间、精力，去学一大堆和生活毫不搭界的"高大上"而用不上的东西。

然而，没有有效的方法，人很难走上一条可以自我调节的路，总是摆脱不了依赖外在的旧模式。只有借助有效的方法，让自己的生活发生实质性的改变，人才会对自己的选择有信心，才会确信自己走的方向没有错，否则在反反复复的摇摆中，人的能量很快就消耗殆尽。

有效的方法可以帮助人尽快走上一条无须外力、可以自我调节和自我指引的心灵成长之路。

第十三篇　顺其自然地生活

在顺其自然中解决问题

"顺其自然"的威力很大，当我们在生活中被某个问题困住时，提醒一下自己"顺其自然"，很可能会起到意想不到的效果，原来是"事儿"的好像一下子不是事儿了！

这是因为顺其自然在某种程度上帮助人实现了超脱。很多时候，所谓的问题其实只是人的意识固着的结果，而顺其自然好像一下子打开了这个意识的"结"。

从另一个角度讲，顺其自然把人提高到了一个更高的层面，好像一下子从一个局限的个体扩展到更大的维度和空间：自然。我们的个体问题也由"自然"去帮我们解决！

把问题交给生活本身去解决

当人为了某件事要抓狂时，不妨选择顺其自然吧！生活本身就有解决问题的能力。从这一点说，其实人是不需要费脑子的，有情绪也是白有，生活会按照它本身的自然逻辑去进行。

人之所以产生焦躁情绪，大都是因为想要改变事物本身自然发展的进程。其实只要假以时日，问题自然就会通过某种方式得到解决，这可以看作生活本身的自然能力（自然智慧）。所以，人不妨融入生活的洪流之中，把问题交给生活本身去解决，而不是依靠自己的微薄之力去抗争！

在顺其自然中实现目标

在顺其自然中实现自己的目标。不是说人不可以有目标，而是说把目标的实现放到"顺其自然"的过程中去，放下对目标实现的节奏、方式和进程的控制，这样人就不会有挫败感，避免了抑郁。

而且，如果人放下了对目标如何具体实现的控制，其实是放下了对目标过度的"附着"和"执念"，反而更有利于目标的实现。人一旦把一个东西看得过重，自己不但容易失望和失落，而且还容易做出一些刻意的行为，破坏和阻碍"自然进程"的流畅，为目标的实现制造障碍。

放轻松，得永生！

其实，人体本身是有自我调整能力和自愈能力的，是什么破坏了人的这种自然能力呢？答案就是：持续性的紧张和焦虑！

人处在持续性的紧张和焦虑时，身体自带的自我调整能力是不太可能出来的。现在人们的身心状态越来越出现问题，其实反映出的是大家活得太紧张了。人最需要的就是放松！

人只有在放松的状态下，身体的自我调节能力才能重新恢复并开始占据主导地位。人只要能在大部分时间处在一个平稳平和的状态，就不太容易出问题。人也只有在良好的身心状态下，才能做更多的事、更大的事和更高品质的事。

"饮鸩止渴"的做法还是要尽量避免，赚的钱最后全交医药费了，太不划算。

过张弛有度的生活

人要过一种张弛有度的生活。所谓张弛有度，是说人要在工作和娱乐生活中寻求平衡，找到一个适合自己的平衡点。如果一天到晚只是忙，完全成了工作狂，绷得太紧的神经容易折。

很多时候，停一下，然后再去工作，效果反而更好。稍作休整，更能看到原本的问题之所在！再去工作时就能有更多的创意和创造，反而可以提高效率。

但反过来，如果一味地玩儿，人又容易进入 / 陷入一种意识游离和散漫的状态。时间长了，会影响自己的身心健康，自我价值感降低，自责、自己恨自己，甚至自己都看不起自己。

所以，人要过张弛有度的生活，既有工作的充实感，又有生活的乐趣，保持在一种平衡和平稳的状态。

人生是过程而不是结果

如果把人生当作结果，人就会永远活在"当下"与期待"未来"的间隙，永远充满紧张和焦虑。每一个"当下"只是实现想象中的"结果"的手段，一个合一的世界被人为地二元化了，人从合一的世界坠入二元分离的世界，不能全然地活在当下，永远期待着下一站。在期待的满足所带来的痛快和期待未满足所产生的痛苦之间两极振荡。

如果把人生当作是过程，那其实每一个当下都是完整的。生命是一个从完整 (completeness) 到完整、而不是从不完整 (incompleteness) 到完整的过程！脱离"当下"与"未来"的二元张力，完全与当下的体验一体。

解脱只在当下

人通常活在一种二元对立的思维之中，永远把解脱、幸福放在未来的某一时刻，心想着要是"等自己有了什么什么"之后就会怎么样，人的大脑也总是设想此类的场景。

如果人在"此时此地"没有解脱，以后也未必可以解脱。充分认识到这一点，人就不会再给解脱设立外在条件，也不会再把解脱寄予在意识之外！

但不执，即解脱！

但不执，即解脱。

不执，不是说你不可以有自己的目标，而是说对自己的目标也采取一种"不执"的方式，把自己目标的实现放到一个"自然进程"和"自然运行"中去。

这样，你就不会因为目标没有达成，或是没有按照自己的想法和预期方式进行，而不停地责怪自己，"你当时如果怎么怎么样，现在就不至于怎么怎么样"，这无非是给自己多制造些痛苦而已！

治人事天莫若"啬"

治人事天莫若"啬"，这里的"啬"指的是一种"无为而治"的态度。最小化地干预别人，最小化地干预别人自然的生长。每个人都有自己成长的速度和节奏，每个人都有自己需要学习的特定的人生功课。

首先，要避免出于自身自我价值感弱而需要获得别人的认可，刻意地、过度热情地去帮助别人，潜意识里其实是想要通过帮助别人而得到一种在别人面前居高临下的快感。

其次，也要避免出于某种动机，或是自己没有意识到的一些心理因素去帮人，比如长辈把自己年轻时没有实现的、未了结的心愿强加于晚辈身上。

这种帮助别人从本质上讲是为了满足自己的需要，所以，当帮人者的期待没有得到满足，比如被帮者并没有显示出感恩戴德的意思，或没有行动上的回报，帮人者立即会暴怒或情绪非常大。

第十四篇 从"无意识"到"有意识"

如果生活得很吃力，你需要停下来好好看看

如果生活得很吃力、很费劲，做事特别耗能，这其实是一个强有力的信号在提醒人：可能是自己的心智模式（内心状态）哪里出了问题，需要停下来好好看看！

所有的障碍都是意识上的障碍，不是生活本身耗能，而是人对生活的态度和内心的状态，决定了人生活的品质。

人的痛苦在于把"反常"当成"正常"，而把"正常"当成"反常"。人生的本意是享受生活，而很多人却在生活中挣扎和纠结！

磨刀不误砍柴工。如果你生活得很吃力，你需要静下来，拿出时间好好地梳理一下自己的内心，看看有哪些障碍在阻碍自己开心而放松地活着。

觉知的力量

觉知的力量是强大的。觉知本身有自我调整、自我校正、自我导航和自我超越的功能。在生活中保持觉知，可以让人清晰地看到自己的模式性问题，看到自己心智的运作规律，看到自己行为方式背后的真实动机。

觉知可以帮助人像一个科学家一样，去客观地研究自己，把自己当成是一个客体对象来研究。在这个过程中，不断地超越自己，不断地打碎自己的模式，不断地突破自己的瓶颈，不再受制于那些让自己痛苦的经历。

痛苦的意义在于唤醒人的自我调整能力

痛苦的意义在于唤醒人的自我调整能力——"自救"的能力。通常人们在痛苦时，喜欢去从外面寻找答案，但从外面寻找答案总有一种隔靴搔痒的感觉，总是不能很直接地触及问题的根源，内心最为深层的诉求无法得到满足。只有当人勇敢地放下一切外求，人的自我解决问题的能力才有机会显现。

每个人都有自我修复和自我超越的能力，这种能力只待激活。而痛苦，尤其是大的痛苦的意义在于，它给人提供了一个"回头一瞥"的机会，让人由此发现自己有一种更高的能力，并可以仰赖这种能力渡过各种难关！

在轮回中"轮而不回"

所谓轮回，是指一些无意识不停驱使人重复着同一种生活方式或人生模式，可称为一种"强迫性重复"。

心理改变的核心是从无意识变得有意识，对自己的人生模式开始觉知和反思，对自己的一言一行背后的动机有清醒的认识。随着自己"意识维度"（觉察能力）越来越宽，人就有更多的机会打破和解除限制性的人生模式，拥有越来越多的自由选择权。

既然人能让自己活得越来越惨，就有力量让自己活得越来越出彩，所要做的只是把方向反过来。

跳出并摆脱轮回的关键，在于"回头一瞥"，开始质疑，开始收回自己的"审查权"，不再被各种"编程"无意识地驱使着

"向外"狂奔，盲目用力。有意识地把各种不利于自己健康和生命力的"程序"，统统卸载、彻底删除，彻底跳出无意识的轮回，轮而不回！

人是一个精神性的存在，一个更高的存在，当然可以超越尘世的轮回。

如何从心理的层面识破各种骗局

现如今各种骗局和骗术很多，掌握人的一些常见心理规律，以及骗术所利用的人的心理弱点，在短时间内识破各种骗局并非不可能，毕竟具备从心理上防止上当受骗的能力才是根本。

第一，利用人的恐惧和恐慌心理。如骗子冒充军警、公检法司等单位人员，人在极度恐慌的情况下，会丧失判断能力，任凭对方"套"着走。这需要在平时就培养自己临危不惧和镇定处理事情的能力。

第二，一些骗局的设计是完全违背人的常识的。如近些年的金融类诈骗案，人在头脑清醒的状态下，其实一眼就能看出是骗局。但当人的内心被追求"高利"的心理趋向占据

时，人会丧失理智，就像着了魔一样，只看到"利"而看不
到"弊"。

第三，利用人的"情感空缺"。这类骗局中尤以针对老年人
最为典型，这方面的案例有很多。老年人往往更需要情感的慰
藉，这类骗局多通过满足老年人的情感诉求，对老年人施以小
恩小惠等手法，获得老年人的信任后而行骗。

第四，专对自己人下手。这类骗术在传销中最为常见，人
被洗脑后是很可怕的，意识不到自己已经被骗了，反过来骗朋
友、骗亲戚。

第五，利用人"见相即相"的弱点。所谓见相即相，就是
看到就以为是真的，这是人的一种先天的心理缺陷和弱点，爱
慕虚荣，容易被"高大上"的东西所迷惑。所以，一些人就专
门利用人的这一弱点，专搞一些非常华丽和"高大上"的包装、
照片或名头，让人看了顿生敬畏或向往之情。这种做法在精神
或心灵领域也存在（"假大师"），也是近些年一些专门针对有钱
人的高级传销所惯用的手法。

需要谨记的是，真东西不需要用极具夸张性的方式来
表达！

第六，利用人贪图小便宜的心理。贪小便宜吃大亏。"壁立
千仞，无欲则刚。"与人交往时不卑不亢，不准备从别人那里获
取任何额外的好处，自然不会上当。

第七，利用人没有能力拒绝的弱点。人要有分辨的智慧，

敢于拒绝，没必要违心做事，遵从自己的内心，不被外在所左右。

洞穿人常见的心理防御机制

生活中，熟知人的一些常见心理防御机制，可以提高办事效率，不至于被表象所迷惑，避免多走弯路。

比如，看起来"咋咋呼呼、张牙舞爪"的人，其实内心充满了恐惧。愤怒是对恐惧的防御，通过愤怒可以为自己壮胆。

自大是对自卑的防御，极度的自卑表现出来的就是自大！过度注重包装和名头的背后，往往就是内心不够自信。

刻意强调的也许是自己真正缺乏的，"显意识"层面表现出的可能和"潜意识"刚好相反。例如有些人在社交场合，显得特别外向和健谈，其实私底下是个很内向的人；看起来很阳光的人，其实一个人时很消沉。

每个人在别人面前都想表现出最好的一面，但过多使用心理防御机制会损耗人的能量，影响人做真实的自己，久而久之不利于健康。而这背后的根源是自我接纳度不够和恐惧，害怕表现出自己真实的一面时别人不喜欢，其实是不能接受真实的自己。

人需要有内在力并且自信，人一旦自卑就会被外在的表象所吓倒。从根本上说，对别人的了解源于对自己百分之百的了解，人性和人心是相通的，对别人的洞察入微源于对自己的明察秋毫！

"识人辨人"的智慧

在日常工作和生活中，了解和熟悉人的一些心理特点，比如自大是因为自卑、愤怒是因为恐惧等诸如此类的心理防御机制，无论对于人际交往、商业合作，还是恋爱择偶、挑选更靠谱的伙伴等方面，都大有裨益。这样可以提前做到心中有数，最大限度地减少犯错的概率。

不夸张地说，人如果有足够的功力，完全可以具备很强的预知、预见的能力。在没有见到一个人之前，仅凭看其微信头像，即可获知这个人的自我价值感（是否自信）等心理信息；而看一个人所选填的地址，又可获知其内心的安全感如何。自我价值感和内心安全感决定了一个人一生的基调！在彻底见到这个人、聊了几句之后，对其心理概貌的了解就更为精准全面了。

人的心理状态全写在脸上和眼神上，这是很难掩盖的。"识人辨人"不是为了窥探别人的隐私，也不是为了谋求对别人的"心理优位"，而只是为了提高效率，毕竟人生苦短，要和更靠谱的人合作或共事！

远离负能量

有个游客在海边散步，看见一个渔夫正拿着筐捉螃蟹，游客看见筐里的螃蟹争先恐后地想要爬出去，慌忙地说："快把筐盖起来啊，螃蟹都要爬出去了！"渔夫不慌不忙地说："不用盖，你看，那些快爬出来的螃蟹，很快就会被别的螃蟹扒拉回去。"游客一看，果然如此，一筐螃蟹哪只也爬不出去。

这个故事给人的启示就是：人要有意识地远离负能量。自己活得不精彩的人，非但不会对追求光明的人报以赞赏和鼓励，反而会出于自卑、"羡慕嫉妒恨"等心理，对那些追求光明的人冷嘲热讽，"泼冷水"，甚至打压和暗算。

致力于提升自己的内在，不再向外投射自己的负面情绪，是每个人能带给这个世界的最好礼物。

"真傻"和"装傻"

没有人想要故意"犯傻"，"真傻"其实是因为"无意识"，即自己的意识维度有限，不知道、意识不到自己言行举止背后的真实动机和驱动力是什么。

而"装傻"是人在越来越"有意识"之后的一种成熟表现。基于对人性的深刻理解与共情，清楚地看到和意识到：自己和所有人一样，共享人性的缺点与弱点。对别人苛刻与挑剔，其实是因为不能容忍自己身上的缺陷。要放下攻击与评判，选择宽容。

做好目标定位

古人云:"取法乎上,仅得乎中;取法乎中,仅得其下。"意思是说,一个人的目标定位如果是"上",那最次的结果可能是"中",但如果一个人的目标定位是"中",那最终的结果可能只是"下"。

一个人的目标一旦确立后,所有的时间、精力、关注点就会朝着自己目标的大方向"收拢",吸引来的天时地利人和等因素也是倾向于自己的目标方位的,所以制订好目标至关重要。

调整好你的"内心蓝图"

人只要回顾一下,就会发现,自己现在的工作、婚恋等事项都和自己之前某一时刻的决定相关,比如现在的职业是自己在小时候所设想或向往过的,这种设想就是"内心蓝图"。

从心理的角度讲,人一旦在意识层面做出一个决定,就

会在无意识中自动去执行这一决定，并准备相应的条件，关
注和搜集相关的信息，"内心蓝图"会随着时间的推移而自动
展开。

知道了这一心理规律，有两点启示：一方面，人要更有意
识地行使自己的选择权，调整好和描绘好"内心蓝图"；另一方
面，要有意识地剔除阻碍实现"内心蓝图"的心理障碍，尤其
是潜意识层面的障碍，人要给自己机会！

飞多高取决于"探底"有多深

人能飞多高取决于"探底"有多深。所谓"探底"，是指对
自己内心更为真实一面（心理学中俗称"阴影"）的了解程度，
而不是戴着"人格面具"表演给别人看，只要"面子"，不要
"里子"。

不敢去了解和面对自己真实的心理，容易让人活在一种空
中楼阁式的虚空之中，因不真切，故容易幻灭。只有潜下心来
深入心底，去一层层地"探底"，人才有机会发现并解除掉那些
在暗中深处影响自己飞得高、行得远的阻碍，获得持续性的成
长动力。

人是自己所有经验的源头

人的经历到底发生在哪里？通常人们以为自己的经历发生在一个外在的世界里，可是如果仔细观察一下的话，就会发现，其实人所有的经历都发生在自己内在的世界里，发生在感觉里。如何看待某个环境、某个人、某个事件，取决于人如何解读，取决于每个人既定的价值评判。

每个人都活在自己内心的世界里。弄懂这一点，人生的方向将发生彻底改变。而方向决定速度！原来是"向外走"和"向外看"，现在是"向内走"和"向内看"；原来是不停地改造"外在"，现在开始调整"内在"。

人是自己所有经验的源头！

图书在版编目（CIP）数据

穿越内心的恐惧 / 李英杰著. —北京：华夏出版社，2018.1
ISBN 978-7-5080-9307-9

Ⅰ.①穿… Ⅱ.①李… Ⅲ.①恐惧－自我控制－通俗读物 Ⅳ.①B842.6-49

中国版本图书馆CIP数据核字（2017）第221269号

穿越内心的恐惧

著　　者　李英杰
责任编辑　许　婷　王秋实

出版发行　华夏出版社
经　　销　新华书店
印　　刷　三河市少明印务有限公司
装　　订　三河市少明印务有限公司
版　　次　2018年1月北京第1版　2018年1月北京第1次印刷
开　　本　670×970　1/16
印　　张　10.25
字　　数　100千字
定　　价　32.00元

华夏出版社　网址:www.hxph.com.cn 地址：北京市东直门外香河园北里4号 邮编：100028
若发现本版图书有印装质量问题，请与我社营销中心联系调换。电话：（010）64663331（转）